Manual de Auditoria Ambiental

MANUAL DE AUDITORIA AMBIENTAL

3ª Edição
Revista e Ampliada

MILIO LÈBRE LA ROVERE (COORDENADOR)
LEXANDRE D´AVIGNON
ARLA VALDETARO PIERRE
ÉBORA CYNAMON KLIGERMAN
ELIANA VILELA DE OLIVEIRA SILVA
IARTHA MACEDO DE LIMA BARATA
ELMA MARIA MARQUES MALHEIROS

QUALITYMARK

Direção Editorial	Produção Editorial
SAIDUL RAHMAN MAHOMED editor@qualitymark.com.br	**EQUIPE QUALITYMARK**

Capa	Editoração Eletrônica
K2 DESIGN E SERVIÇOS Ltda. (Foto: www.sxc.hu/Flaivoloka)	**K2 DESIGN E SERVIÇOS Ltda.**

1ª Edição: 2000
1ª Reimpressão: 2001

2ª Edição: 2001
1ª Reimpressão: 2003
2ª Reimpressão: 2006
3ª Reimpressão: 2008

3ª Edição: 2011
1ª Reimpressão: 2012
2ª Reimpressão: 2014

CIP-Brasil. Catalogação-na-fonte
Sindicato Nacional dos Editores de Livros, RJ

M251
3. ed.

Manual de auditoria ambiental / Emilio Lèbre La Rovere (Cordenador) ; Alexandre D'Avignon... [et al.]. – 3ª ed. – Rio de Janeiro : Qualitymark Editora, 2014.
152 p. ; 28 cm.
Anexo
Inclui bibliografia
ISBN 978-85-7303-993-1

1. Auditoria ambiental. 2. Impacto ambiental – Avaliação. I. La Rovere, E. Lèbre (Emilio Lèbre).

11-1799 CDD: 363.7
CDU: 504.064.3

2014
IMPRESSO NO BRASIL

Qualitymark Editora Ltda.	QualityPhone: 0800-0263311
Rua Teixeira Júnior, 441 – São Cristóvão	www.qualitymark.com.br
20921-405 – Rio de Janeiro – RJ	E-mail: quality@qualitymark.com.br
Tel.: (21) 3295-9800	Fax: (21) 3295-9824

Agradecimentos

Os autores agradecem à Dra. Vânia Costa, da FINEP; ao Prof. Marcel Burstyn, da UnB; ao Prof. Arlindo Philippi Jr., da USP e ao Dr. Sérgio Catão Aguiar, da ECOLUZ, pelas valiosas sugestões fornecidas ao longo do acompanhamento do projeto de pesquisa sobre auditorias ambientais executado pelo LIMA/COPPE/UFRJ com o apoio da FINEP/PADCT–CIAMB.

Prefácio à 3ª Edição

Foi com imenso prazer que os autores receberam a demanda de uma 3ª edição do Manual de Auditoria Ambiental. As três reimpressões da segunda edição já sinalizavam a consagração do livro como referência no apoio ao processo de auditoria ambiental. A meta inicial de generalizar este instrumento como uma ferramenta de apoio ao controle e à gestão ambiental parece que aos poucos vem sendo atingida.

A auditoria ambiental, por sua vez, vem sofrendo aperfeiçoamentos incrementais e, também, passa a auxiliar outros elementos de um sistema de gestão ambiental, como a avaliação de metas e o consequente desempenho ambiental. Assim, contribui para que as organizações ou empreendimentos possam atingir condições de operação cada vez mais satisfatórias, gerando maior conformidade ambiental.

A ampliação da utilização da auditoria ambiental e seu aprimoramento estão refletidos nos instrumentos legais que hoje a tornam compulsória. A recente revisão da Diretriz para Realização de Auditoria Ambiental, 056-R3, produto do Decreto nº 21.470-A/1995 que regulamenta a Lei nº 1.898/1991 de auditorias ambientais compulsórias no Rio de Janeiro, alterada pela Lei nº 3.471/2000, é exemplo importante da evolução do uso do instrumento, acompanhado de outras ferramentas. Na DZ-056.R3 a ferramenta é desdobrada em duas, a auditoria ambiental de controle e a auditoria ambiental de acompanhamento. A primeira está condicionada a cada renovação ou requerimento de licença ambiental para verificação detalhada do desempenho ambiental da empresa ou atividade. A segunda, realizada a cada ano, refere-se ao acompanhamento e execução do Plano de Ação da última auditoria ambiental e, se couber, complementando-o com outras medidas advindas de eventuais exigências do órgão ambiental. Além destes novos elementos, a auditoria ambiental passa a estimular o uso de tecnologias mais limpas, matérias-primas menos agressivas ao meio ambiente, utilização racional de recursos, conservação de energia e de água, não geração ou a redução na geração de resíduos, efluentes líquidos e emissões atmosféricas. Este instrumento de verificação, portanto, torna-se um vetor de melhoria do desempenho das atividades econômicas.

Por outro lado, a auditoria ambiental está se tornando cada vez mais um instrumento de política pública, quando adotada setorialmente pela União ou pelos Estados e Municípios, que a utilizam de forma compulsória. Na revisão do manual identificamos um aumento significativo de sua adoção pelos entes federativos brasileiros.

O aspecto compulsório do instrumento, deste modo, tem sido uma experiência positiva, enquanto apoio à gestão ambiental nas empresas, na verificação da adequação da política ambiental executada e como facilitador do controle ambiental, em especial do licenciamento ambiental da atividade auditada.

Um dos principais motivadores da auditoria ambiental compulsória é a verificação do atendimento à legislação de referência e, ao mesmo tempo, a identificação das oportunidades de melhoria com a elaboração do Plano de Ação. Com base nesses planos identificam-se as ações propostas e a respectiva previsão orçamentária, além de definir as responsabilidades empresariais na correção das não-conformidades existentes. A auditoria ambiental adquire, assim, uma especial importância para o acompanhamento da evolução dos compromissos assumidos e é um facilitador na realização de vistorias e fiscalizações para o poder público.

Esperamos que esta nova edição do manual seja, mais uma vez, um instrumento amplamente utilizado para o uso adequado e cada vez mais aperfeiçoado da aplicação da auditoria ambiental, como ferramenta de melhoria contínua da gestão ambiental e, consequentemente, do desempenho ambiental dos empreendimentos e organizações.

Os Autores

Prefácio à 2ª Edição

Ao longo do último ano, este manual vem se tornando documento de referência para o estudo e a execução da auditoria ambiental, tendo esgotado rapidamente sua primeira edição. Foi com muita satisfação que recebemos esta notícia e percebemos que nosso manual estava sendo utilizado por grande número de profissionais da área de meio ambiente e em diversos cursos de formação, além do mestrado/doutorado e da pós-graduação executiva em Planejamento Ambiental da COPPE/UFRJ.

A própria equipe do LIMA/COPPE/UFRJ vem aplicando a metodologia aqui descrita em diversas auditorias ambientais da maior relevância para o Estado do Rio de Janeiro, como, por exemplo, na Usina Presidente Vargas da Companhia Siderúrgica Nacional - CSN, em Volta Redonda, e no sistema de esgotamento sanitário da Companhia Estadual de Águas e Esgotos - CEDAE na bacia contribuinte para a Lagoa Rodrigo de Freitas. Graças à disponibilização de recursos do PADCT/CIAMB para apoio a seu projeto "Opções Tecnológicas e de Gestão Ambiental para a Despoluição da Baía de Guanabara", o LIMA/COPPE/UFRJ poderá também publicar brevemente o segundo manual elaborado pela equipe, específico para a realização de auditorias ambientais em estações de tratamento de esgotos domésticos, tema que vem crescendo de importância em todo o país.

Agora, com esta nova edição, revista e ampliada, esperamos contribuir ainda mais para que auditoria ambiental seja um instrumento respeitado e bem utilizado para a melhoria das condições ambientais em nosso país. A revisão pretendeu refinar ainda mais o manual, em especial a lista de verificação, aprimorada a partir da experiência para melhor agilidade na sua aplicação. A introdução do último capítulo responde à necessidade de fazermos uma prospecção do futuro da auditoria ambiental, tanto como instrumento para os códigos de conduta empresarial, como para seu uso como instrumento de monitoramento e controle pelos órgãos ambientais.

Esperamos, deste modo, atender à expectativa de nossos leitores e contribuir mais uma vez para a melhoria das condições ambientais no Brasil.

Os Autores

Prefácio

O Manual de Auditoria Ambiental aqui apresentado é resultado das atividades de pesquisa do "Projeto Integrado de Pesquisas e Pós-Graduação: Mestrado e Doutorado em Engenharia Ambiental", realizado pelo Laboratório Interdisciplinar de Meio Ambiente (LIMA) da COPPE/UFRJ – Instituto Alberto Coimbra de Pesquisa e Pós-Graduação de Engenharia da Universidade Federal do Rio de Janeiro, no âmbito do PADCT/CIAMB – Programa de Apoio ao Desenvolvimento Científico e Tecnológico em Ciências Ambientais, através da FINEP – Financiadora de Estudos e Projetos.

A ideia de um projeto de pesquisa, que resultasse num documento geral de referência para aqueles que, de alguma forma, realizam auditoria ambiental com vários fins, surgiu da percepção dos pesquisadores quanto à necessidade de uma publicação que congregasse experiências específicas e dispersas. A equipe, com características multidisciplinares, trabalhou no projeto durante dois anos. Além deste manual, um banco de dados de referência em auditoria ambiental foi criado, bem como foi elaborado um segundo manual que trata de auditorias ambientais em estações de tratamento de esgotos domésticos. Este último pretende ser o primeiro de uma série de manuais específicos de auditoria ambiental, conforme proposta de um segundo projeto de pesquisa apresentado em resposta a um edital subsequente do PADCT/CIAMB. Infelizmente, apesar de aprovado para apoio pelo CNPq, o projeto até hoje não obteve recursos para continuidade dos trabalhos.

Os objetivos da equipe, ao apresentar este manual, relacionam-se à descrição das transformações recentes que ocorrem com o lançamento dos códigos empresariais de gestão ambiental, como a Série ISO 14000, que já passa pela sua primeira revisão. Entre as ferramentas disponíveis aos profissionais da área, destaca-se a auditoria ambiental, que propicia um novo relacionamento, que aos poucos vem se estabelecendo em nosso país, entre as empresas e organismos de regulação ambiental. Assim, a auditoria ambiental como um instrumento de análise e monitoramento ambiental contribui para uma melhor gestão pública e empresarial do meio ambiente, e mesmo para outros fins, tais como, por exemplo, avaliar o passivo ambiental de um empreendimento no momento de uma transação comercial.

O Manual procura, inicialmente, familiarizar o leitor com o conceito de Auditoria Ambiental e sua evolução, apresentando-o juntamente com as transformações da questão ambiental que culminaram no surgimento desta nova ferramenta. Em seguida, fornece o instrumental básico para a realização de uma Auditoria Ambiental para qualquer atividade econômica que resulte em impactos ao meio ambiente.

Os primeiros capítulos do manual fornecem uma visão geral da evolução da gestão ambiental nas empresas. Descreve-se o contexto para o surgimento de normas internacionais de gestão ambiental, a participação brasileira na elaboração da Série ISO 14000, sua estrutura, como se dá sua implantação nas empresas e a relação entre auditoria ambiental e gestão.

Explica-se a motivação básica e suas vantagens para a aplicação de auditorias ambientais. Descrevem-se as tipologias de auditorias ambientais, suas aplicações e quais os elementos essenciais para sua aplicação e um bom resultado. As etapas do estabelecimento de um programa de Auditoria Ambiental também são identificadas.

Analisa-se também a possibilidade de utilização da Auditoria Ambiental como instrumento de política pública, como vem ocorrendo de forma pioneira em diversos estados e municípios brasileiros. Relacionam-se algumas leis estaduais e municipais que já determinam a obrigatoriedade da realização da Auditoria Ambiental. As diferenças entre auditorias com fins legais e aquelas que cumprem itens das normas de gestão ambiental e seu relacionamento são discutidas.

O Manual fornece, ainda, um guia geral prático para a realização de auditorias ambientais e instrumentos como Questionário, Protocolo e Lista de Verificação. Há um roteiro para o planejamento e a condução da Auditoria Ambiental e a orientação para a melhor escolha da ferramenta a ser utilizada, dependendo da dimensão das instalações, tipologia de atividade produtiva e do corpo funcional.

No final, como anexo, descrevem-se o Sistema Brasileiro de Certificação Ambiental do INMETRO e os critérios e as particularidades para se obter a certificação de uma empresa segundo normas de gestão ambiental.

Como a Auditoria Ambiental passou a ser uma ferramenta indispensável para o profissional que trata de questões ambientais, este Manual pretende auxiliar sua utilização de forma a maximizar sua contribuição para a melhoria das condições ambientais no Brasil.

Os Autores

Sumário

Capítulo 1

Programas de Gestão Ambiental nas Empresas

1.1 EVOLUÇÃO RECENTE

A gestão ambiental nas empresas pode ser definida como aquela parte da função gerencial global que trata, determina e implementa a política de meio ambiente estabelecida para a própria empresa. De maneira mais específica, o dicionário de vocabulário básico de meio ambiente define gestão ambiental como: *"tentativa de avaliar valores e limites das perturbações e alterações que, uma vez excedidos, resultam em recuperação demorada do meio ambiente, de modo a maximizar a recuperação dos recursos do ecossistema natural para* o *homem, assegurando sua produtividade prolongada* e *de longo prazo".*

A auditoria ambiental, embrião e hoje considerada como uma das ferramentas da gestão ambiental, foi adotada na década de 70, principalmente por empresas americanas pressionadas pelo crescente rigor da legislação daquele país e pela ocorrência de acidentes ambientais de grandes proporções. A indústria química Allied Chemical Corporation foi uma das primeiras a implementar esta ferramenta devido às pressões das agências *reguladoras,* em 1977, depois do acidente em sua unidade, Life Science Product's Kepone, em junho de 1975, em Hopewell, Virgínia. Neste caso, exames médicos constataram, numa funcionária da empresa que apresentava como sintoma vertigens, contaminação com pesticidas produzidos na fábrica. O processo de auditoria acabou por culminar no fechamento da unidade. Além da preocupação com a conformidade legal de suas atividades, essas organizações estavam preocupadas em identificar os potenciais riscos à saúde pública ou ao meio ambiente, gerados pelo processo produtivo ou pela prestação de serviços.

Com o aumento da intensidade e das consequências dos acidentes ambientais, como, o vazamento de gás tóxico, em 1984, em Bhopal, na Índia, que causou cerca de duas mil mortes, a indústria química criou o Programa de Atuação Responsável *(Responsible Care).*

A Atuação Responsável foi criada no Canadá, pela Canadien Chemical Producer Association (CCPA), em 1984. Desde então, o programa vem sendo implantado em diversos países nas indústrias químicas em operação, tornando-se um instrumento de gerenciamento ambiental e de prevenção de acidentes, ou seja, uma ferramenta de proteção ambiental, segurança e apoio à saúde ocupacional do trabalhador.

Hoje, as novas concepções de gestão empresarial têm como princípio estabelecer uma política da qualidade, inclusive ambiental, colocando a atividade industrial em foco para a promoção de um real desenvolvimento sustentável. A integração com o ecossistema e os meios político, econômico e social, o uso racional dos recursos naturais e a conservação de energia encontram em organizações industriais ampla margem de aplicação. O setor produtivo passa a ser visto não só como uma alavanca para o crescimento dos países, mas também como um propiciador de condições e recursos para solucionar os problemas ambientais existentes. Essa nova proposta é resultado de um longo percurso, que passa desde a maior conscientização dos consumidores em relação à manutenção de um meio ambiente saudável até a maior rigidez da legislação e da atuação dos órgãos reguladores ambientais.

Em consequência, as respostas ao novo quadro de exigências do mercado e das condições ambientais acarretam profundas alterações. As empresas foram compelidas a, num primeiro momento, cumprir as exigências normativas e legislativas de órgãos relacionados com o controle ambiental. Neste caso, a indústria fazia um controle de seus efluentes lançados na atmosfera, no solo e na água através da instalação de equipamentos de controle da poluição do ar, sistemas de esgotos e instalação de tanques de contenção e armazenamento de dejetos. Esta solução, no entanto, nem sempre se mostrou eficaz, pois apesar de muitas vezes representar custos altos e relativa eficiência, não atendia adequadamente às necessidades de proteção do meio ambiente. Num segundo momento, as respostas passaram pela integração ao processo produtivo de uma função gerencial de controle ambiental que acompanhava toda a linha produtiva da empresa. E, finalmente, consequência da última, a implantação de uma função gerencial global chamada de gestão ambiental da empresa. Desta forma, o princípio passou a ser a prevenção de práticas poluidoras e impactantes ao meio ambiente. Os cuidados passaram para a seleção de matérias-primas, fornecedores, desenvolvimento de novos processos e produtos menos poluidores, conservação de energia, reaproveitamento de resíduos, reciclagem e integração com o entorno da empresa.

A transformação dos cuidados com o meio ambiente por parte do setor produtivo vem se processando em três estágios interligados e sucessivos, representando a evolução de uma postura reativa para uma fase adaptativa, culminando com a adoção, pelas empresas, de uma atitude proativa em relação ao meio ambiente:

1º MOMENTO:	Cumprimento das Exigências Legais e Normativas.
2º MOMENTO:	Integração de uma Função Gerencial de Controle de Poluição.
3º MOMENTO:	Implementação da Gestão Ambiental, com ênfase na prevenção dos acidentes e da degradação ambiental.

Atualmente, algumas modificações no gerenciamento empresarial vêm sendo adotadas, objetivando a maior competitividade das empresas e a adequação das suas atividades ao meio ambiente onde estão instaladas. A busca da melhoria das características finais do produto da empresa, visando aperfeiçoá-lo e, em última análise, atender aos interesses do consumidor, cada vez mais consciente e exigente em relação à qualidade dos produtos, está se tornando uma meta prioritária. Desta forma, a estrutura produtiva passa a sofrer alterações permanentes no sentido de minimizar custos e preço final, aperfeiçoar o sistema de garantia da qualidade do processo, do produto e dos serviços ao consumidor, aumentar a produtividade e garantir a proteção ambiental na produção.

Paralelamente aos novos conceitos e teorias de gestão empresarial, como a teoria da qualidade total e a certificação de empresas em sistemas da qualidade, surgiu a ideia de gestão ou gerenciamento ambiental de uma organização. Seja pelo aumento da pressão do mercado, como pelo aumento da consciência do setor produtivo de sua responsabilidade pela preservação e proteção ao meio ambiente, saúde e segurança do homem, as estratégias empresariais começaram a incorporar este conceito de gestão ambiental. A expressão "desenvolvimento sustentável", popularizada pela Comissão Mundial de Meio Ambiente e Desenvolvimento, coordenada pela primeira-ministra norueguesa, Gro-Harlem Brundtland, no início da década de 80, passou a ser incluída nas preocupações das organizações industriais e de prestação de serviços. Este conceito é assim definido no relatório da Comissão Brundtland: "*...o desenvolvimento sustentável é um processo de transformação no qual a exploração dos recursos, a direção dos investimentos, a orientação do desenvolvimento tecnológico e as mudanças institucionais se harmonizam e reforçam o potencial presente e futuro, a fim de atender às necessidades e aspirações humanas*". A observância deste princípio induz a uma maior consciência e responsabilidade ambiental do setor produtivo.

A certificação ambiental, portanto, começou a ocupar um espaço crescente na organização e nas atividades industriais, tornando-se um fator de referência da qualidade do produto para o mercado. Em última análise, o crescente aumento da consciência ambiental do consumidor fez com que este exigisse além de um produto de qualidade, um produto que no seu ciclo de vida respeitasse o meio ambiente.

De maneira geral, as características de um produto ou serviço devem satisfazer às necessidades expressas ou implícitas do cliente (consumidor) e da própria organização, de acordo com as normas da qualidade. Nesta perspectiva, pode-se conceber a certificação ambiental como uma necessidade expressa pelo consumidor de conhecer melhor os dados sobre o produto que está adquirindo. Torna-se parâmetro à tomada de decisão conhecer se o produto foi fabricado em instalações que não causem danos ou que o produto, em si, não seja nocivo ao meio ambiente.

Partindo-se deste pressuposto, a proteção do meio ambiente passa a ser uma qualidade desejada do produto e a certificação ambiental torna-se a garantia da qualidade deste produto para este consumidor que compartilha de preocupações com o meio ambiente. A certificação ambiental ou a aplicação de um selo verde poderia ser vista como um atestado de conformidade ambiental do produto, processo, sistema ou serviço. Este documento garantiria o cumprimento e a observância a todo um conjunto de exigências, instruções, normas técnicas e legislação vigentes, promulgados por autoridades e órgãos governamentais, comissões ou empresas para o tipo de atividade e região.

O objeto da certificação pode ser o produto, conjunto de produtos ou processos. O primeiro caso relaciona-se às características do produto devido ao seu ciclo de vida, se este obedece condições de fabricação onde haja uma preocupação com o meio ambiente, desde a matéria-prima até sua eliminação ou reciclagem. O segundo visa acompanhar um grupo de produtos que tenham afinidades no seu processo de fabricação, como no primeiro caso, mas já verificando se o sistema produtivo cumpre os requisitos relacionados aos cuidados com o meio ambiente. E no último caso, avalia-se o processo global de uma organização e verifica-se sua conformidade com a legislação e normas vigentes, ou seja, certifica-se a empresa.

A credibilidade dos órgãos certificadores, sua importância e nível de referência e amplitude são fatores importantes. Neste caso, pode-se considerar como objetivo da certificação procurar diferenciar produtos, processos e sistemas ou serviços através de um certificado internacionalmente ou nacionalmente aceito, consolidando as referências do produto, processo ou serviços. Para que estas novas concepções sejam colocadas em prática, entretanto, são necessários alguns mecanismos de implantação e análise. A auditoria surge como uma ferramenta alternativa para este processo de certificação. É preciso, no entanto, uma adaptação do trabalho de auditoria aos novos compromissos ambientais assumidos pelos setores produtivos, incorporando-a, permanentemente, aos sistemas de gestão ambiental nas empresas.

1.2 O SURGIMENTO DAS NORMAS AMBIENTAIS INTERNACIONAIS

O impacto causado pela utilização maciça das normas da qualidade da Série 9000 nas relações comerciais internacionais não deixa dúvidas sobre a necessidade de as empresas se adaptarem aos novos tempos. O rápido crescimento do número de empresas certificadas mostra o grau de importância da implantação de procedimentos gerenciais que garantam a qualidade por meio de normas técnicas internacionais voluntárias.

A aquisição do "diploma" internacional de gestão da qualidade passou a ser indispensável à entrada ou manutenção de mercados em muitos setores industriais. Em 1997, o Brasil se aproximava de 4.000 instalações industriais certificadas por alguma das normas de sistemas de gestão da qualidade da Série ISO 9000. O país entrou definitivamente na era da qualidade. A difusão destas normas técnicas acabou por uniformizar a linguagem entre clientes e fornecedores. Assim, o mercado, cada vez mais competitivo e globalizado, ganhou agilidade e versatilidade nos negócios e nas relações comerciais.

No final dos anos 90, outro impacto se deu: o das normas de sistemas de gestão ambiental. Na Europa já existiam dezenas de empresas de consultoria que buscavam o credenciamento para certificar tais sistemas. A Inglaterra, berço dos sistemas da qualidade e precursora dos sistemas de gestão ambiental, com a Norma BS 7750, tinha inúmeras empresas certificadas. Não há dúvida, portanto, de que as normas de meio ambiente não sejam uma questão de modismo, mas sim uma exigência definitiva. No Brasil, muitas empresas se mobilizam, observando o mercado internacional.

Apesar de abordagens diferentes, as normas técnicas de sistemas de gestão ambiental compartilham dos mesmos princípios dos sistemas de gestão da qualidade. A Série ISO 14000, grupo de normas de gestão ambiental, já acompanha a tendência da Série ISO 9000, passando a se tornar exigência de mercado, principalmente para a exportação de produtos de elevado potencial poluidor destinados aos países desenvolvidos.

A despeito de ser voluntária, a certificação por meio destas normas torna-se importante para aquelas empresas que desejem manter sua parcela de mercado. De maneira diversa das leis e regulamentos técnicos ambientais, que são compulsórios e seu não-cumprimento passível de penalidade, estas normas são voluntárias e sua inobservância não acarreta sanções legais. No caso da norma ambiental voluntária, portanto, é o mercado que dita as regras, muitas vezes fechando as portas para regiões de grande interesse econômico.

As normas ambientais surgem exatamente quando o conceito de desenvolvimento sustentado já parece fazer parte do vocabulário do dia a dia. Assim, o desenvolvimento de normas de sistemas de gestão ambiental para serviços, processos e produtos está associado a dois movimentos de extrema importância nos anos 90.

O primeiro relaciona-se à grande disseminação dos sistemas de gestão da qualidade e de conceitos de controle e qualidade total. Com um sistema da qualidade implantado, fica mais fácil a introdução de um sistema de gestão ambiental, porque as normas de certificação das Séries ISO 9000 e 14000 têm estruturas bastante similares.

Inclusive, a Norma ISO 14001 apresenta anexo indicando semelhanças e diferenças entre os requisitos dos itens correspondentes aos da Norma ISO 9001.

O segundo movimento diz respeito ao crescimento das organizações não-governamentais, agências e partidos políticos em torno das questões ambientais. A conjugação destes dois movimentos aumenta as pressões sobre as atividades produtivas que, por sua vez, se organizam com o objetivo de manter seu crescimento mediante a adoção de medidas que viabilizem a manutenção de uma vida saudável no presente e no futuro.

Não basta um produto com qualidade assegurada, mas passa a ser necessário que ele seja ambientalmente sadio. A qualidade ambiental passa a englobar a confiabilidade do produto e um meio ambiente saudável.

As normas possibilitam que as empresas que atendam aos requisitos, nelas especificados, obtenham o certificado de cumprimento, a partir de uma auditoria. A certificação é realizada por um organismo certificador autorizado e permite que a empresa demonstre aos interessados a qualidade de seu sistema de gestão.

Face à semelhança na implementação das normas de qualidade e de meio ambiente é possível tirar algumas lições da Série ISO 9000, que já está sendo aplicada mundialmente, para a Série ISO 14000. Assim, para obter a qualidade ambiental do processo produtivo não é necessário que haja uma revolução nos procedimentos e processos na empresa. Esta é resultado de um processo evolutivo que passa pela inspeção, implementação, controle e revisão ou auditoria.

Para que se obtenha sucesso em sua implementação é necessário que haja consenso em todos os níveis hierárquicos quanto à sua importância, além de não representar uma imposição gerencial, devendo haver integração das funções com responsabilidades de linha e comprometimento da alta direção da empresa. A obtenção da qualidade representa um processo contínuo, de longo prazo, que requer mecanismos corretivos e melhorias contínuas, onde a identificação e a revelação das falhas podem ser vistas como uma barreira cultural a ser vencida para que se obtenham resultados favoráveis. Analogamente, o mesmo processo ocorre com a implantação dos sistemas de gestão ambiental nas empresas.

1.3 SISTEMA DE GESTÃO AMBIENTAL E AUDITORIA AMBIENTAL

Um Sistema de Gestão Ambiental (SGA) corresponde a um conjunto inter-relacionado de políticas, práticas e procedimentos organizacionais, técnicos e administrativos de uma empresa que objetiva obter melhor desempenho ambiental, bem como controle e redução dos seus impactos ambientais. Desempenho ambiental consiste em *resultados mensuráveis da gestão de aspectos ambientais das atividades, produtos e serviços de uma organização.*

A implementação de um Sistema de Gestão Ambiental constitui a estratégia para que o empresário, em um processo de melhoria contínua, identifique oportunidades de melhorias que reduzam os impactos das atividades da empresa sobre o meio ambiente, melhorando, simultaneamente, sua situação no mercado e suas possibilidades de sucesso. A gestão ambiental está fundamentada em 5 Princípios básicos que podem ser definidos como segue:

PRINCÍPIO 1: Conhecer o que deve ser feito; assegurar comprometimento com o SGA e definir a política ambiental.

PRINCÍPIO 2: Elaborar um Plano de Ação para atender aos requisitos da política ambiental.

PRINCÍPIO 3: Assegurar condições para o cumprimento dos Objetivos e Metas Ambientais e implementar as ferramentas de sustentação necessárias.

PRINCÍPIO 4: Realizar avaliações quali-quantitativas periódicas da conformidade ambiental da empresa.

PRINCÍPIO 5: Revisar e aperfeiçoar a política ambiental, os objetivos e metas e as ações implementadas para assegurar a melhoria contínua do desempenho ambiental da empresa.

Atender aos mencionados princípios por meio de uma metodologia prática para a implementação de um Sistema de Gestão Ambiental é garantia de redução de impactos ambientais e, ao mesmo tempo, de melhoria da imagem da empresa no mercado.

É no quarto princípio de implantação do sistema de gestão ambiental que a Auditoria Ambiental surge como ferramenta essencial para o efetivo funcionamento dos procedimentos relacionados com o meio ambiente. O instrumento de auditoria, neste caso, funcionará como forma de verificação do que foi estabelecido como política, objetivos e metas da empresa. O acompanhamento permanente da adequação da política empresarial reflete a postura da empresa em relação aos aspectos ambientais e, consequentemente, aos impactos da atividade produtiva.

A Auditoria é um instrumento que tem história recente no campo ambiental em relação a outros, como a contábil. Ela inicialmente foi utilizada para uma avaliação sistemática da atividade produtiva que tivesse algum risco potencial de acidente. As verificações periódicas que se tornaram rotineiras passaram a ser sistematizadas e evoluíram para um monitoramento contínuo do processo, influenciando nos procedimentos adotados para a operação das plantas industriais. Ficou claro que o novo instrumento se consolidava, passando a ter uma função interativa: ao mesmo tempo que avaliava, identificava as distorções no conjunto de etapas do processo produtivo.

Esse instrumento de avaliação permanente começou a ganhar destaque e logo se mostrou uma ferramenta que possibilitava um "retrato" instantâneo do processo produtivo. Com a Auditoria Ambiental passa a ser possível identificar os pontos "fracos", aqueles passíveis de falhas frequentes, e pontos "fortes", nos quais não se registram problemas na maioria das análises. A aplicação sistemática e periódica desse instrumento de verificação possibilita uma análise estatística das ocorrências de falhas mais frequentes.

Paralelamente, a legislação ambiental se ampliava e se tornava mais rígida em relação aos impactos ambientais causados pelas atividades produtivas. Já existia, entretanto, uma legislação trabalhista que exigia condições seguras e saudáveis de trabalho. Esta legislação motivou, inicialmente, os processos de verificação periódica que viriam a ser chamados de Auditoria de Segurança. Com a evolução das legislações ambientais e a maior complexidade dos processos produtivos, o acompanhamento das variáveis ambientais começou a se tornar essencial. As auditorias, que eram voltadas para a segurança e saúde do trabalhador, passaram a se tornar, também, ambientais.

Houve, entretanto, uma mistura dos campos de atuação da auditoria. Atualmente, em algumas empresas não há diferenças entre as auditorias de segurança e ambiental, o que torna difícil a comparação dos resultados da sua aplicação. Com essa evolução, surge a necessidade de se estruturar um sistema que ao ser avaliado pudesse ser utilizado para realizar uma "radiografia" instantânea da situação ambiental da empresa e, também, como referência para recomendações de ações corretivas.

Dessa forma, o sistema de gestão ambiental passou a sistematizar a prática da auditoria ambiental como uma etapa no processo de aprimoramento contínuo, ou seja, as medidas necessárias à correção dos erros e à extinção dos pontos "fracos" passaram a ser rotina e a prevenção começou a se tornar a tônica do novo instrumento de gestão. Daí a importância da escolha, neste manual, do estudo da ferramenta de auditoria ambiental como primeiro passo para posterior implantação do sistema de gestão ambiental.

Por outro lado, a auditoria não pode ser confundida com uma avaliação de desempenho ambiental que é um processo para *medir, analisar, avaliar e descrever o desempenho ambiental de uma organização em relação a critérios acordados para os objetivos apropriados da gestão.* Ambos são instrumentos do Sistema de Gestão Ambiental, mas a auditoria é uma *atividade de verificação,* ao passo que a avaliação de desempenho é uma *atividade de medição.*

O Capítulo 4 deste manual mostrará como os instrumentos de gestão e auditoria se complementam.

1.4 A AUDITORIA AMBIENTAL COMO INSTRUMENTO DE GESTÃO EMPRESARIAL E POLÍTICA PÚBLICA

Com a utilização sistemática por algumas empresas da auditoria no campo ambiental, esta ferramenta também passou a ser cogitada como instrumento de política pública para o controle e monitoramento das atividades industriais potencialmente poluidoras.

Na gestão empresarial, a auditoria ambiental passou por um longo período de desenvolvimento. Com os constantes acidentes ocorridos nas indústrias químicas, este setor passou a necessitar de um instrumento eficaz para avaliação da segurança das plantas fabris. A legislação relacionada a segurança e saúde do trabalhador se tornava mais restritiva e impunha sanções cada vez maiores. As organizações sindicais, nos países desenvolvidos, passaram a exercer pressões significativas e a prevenção de acidentes de trabalho tornou-se foco de reivindicações. Estes acidentes traziam à tona uma parte do problema. As consequências de um grave acidente normalmente geravam danos ambientais muitas vezes irreversíveis.

Se por um lado a legislação trabalhista se desenvolvia, o mesmo ocorria com aquela relativa ao meio ambiente. Os setores produtivos começaram a responder às novas exigências, que decorriam da maior complexidade e da escala de produção, com programas voluntários como o desenvolvido pela indústria química e já citado *Responsible Care* ou "Atuação Responsável", visando o acompanhamento do processo produtivo e a criação de padrões de referência para a operação dessas plantas.

A gestão empresarial relacionada ao meio ambiente tem, portanto, uma ligação estreita com as atividades de controle de processo, saúde ocupacional e segurança. Apesar de legisladas por dispositivos diferentes, essas áreas se relacionam estruturalmente. Não é por acaso que a abrangência das auditorias ambientais nos grandes complexos industriais envolve, também, questões de segurança e saúde. A evolução natural desse processo foi a concepção das normas de gestão ambiental privada, a Série ISO 14000.

Os instrumentos da gestão empresarial sofreram, portanto, uma influência significativa daqueles de políticas públicas do meio ambiente. Por outro lado, o Poder Público, representado pelas agências ambientais, absorveu instrumentos criados pela gestão empresarial, isto porque, ao dispor de um aparato legal suficientemente poderoso para orientar suas ações de gestão ambiental, nem sempre conta com recursos financeiros e humanos para sua implementação. Registra-se, atualmente, uma confluência das duas perspectivas, resultando em novos conceitos como indução, estímulo, automonitoramento e autocontrole.

Se em alguns países a auditoria ambiental passa a ser utilizada como instrumento de políticas públicas voluntária e estimulada, em outros se apresenta como compulsória. No Brasil, utiliza-se a auditoria ambiental compulsória como instrumento de políticas públicas em vários estados e municípios. No Capítulo 3 deste manual, este tema será desenvolvido com mais profundidade.

Capítulo 2

Aplicação da Auditoria Ambiental

2.1 O QUE É AUDITORIA AMBIENTAL

A auditoria ambiental é um instrumento usado por empresas para auxiliá-las a controlar o atendimento a políticas, práticas, procedimentos e/ou requisitos estipulados com o objetivo de evitar a degradação ambiental. Ela tem despertado crescente interesse na comunidade empresarial e nos governos, sendo considerada ferramenta básica para a obtenção de maior controle e segurança do desempenho ambiental de uma empresa, bem como para evitar acidentes. A auditoria ambiental, quando publicada (seu resultado pode ser sigiloso) fornece aos órgãos ambientais e à sociedade informações relativas a desempenho ambiental das empresas, auxiliando os órgãos de controle ambiental no exercício de suas atribuições, sem eliminar a possibilidade de estes exercerem a fiscalização e a inspeção da empresa.

Define-se auditoria como um exame e/ou avaliação independente, relacionada a um determinado assunto, realizada por especialista no objeto de exame, que faça uso de julgamento profissional e comunique o resultado aos interessados (clientes). Ela pode ser restrita aos resultados de um dado domínio, ou mais ampla, abrangendo os aspectos operacionais de decisão e de controle.

Para se entender melhor o que é a auditoria de uma empresa e qual a função do auditor, pode-se fazer um paralelo desta com o exame médico de um indivíduo. A auditoria é o exame que o médico (auditor) faz em seu paciente (empresa) para verificar seu estado de saúde. Este pode ser aplicado periódica ou, eventualmente, no caso de suspeita de alguma disfunção do organismo (da empresa). Pode ser específico para um determinado órgão do corpo humano (auditoria específica para um determinado setor da empresa) ou geral (abrange todos os setores da empresa: recursos humanos, financeiros, produção, meio ambiente etc.). Caso seja detectada alguma falha no funcionamento do organismo do paciente (setor auditado) este será submetido a um tratamento (medidas adotadas na pós-auditoria) e/ou a novos exames (novas auditorias).

A auditoria não deve ser confundida com uma simples avaliação. Ela é caracterizada pela independência de seus auditores em relação à unidade que está sendo auditada e por requerer uma detalhada e rigorosa metodologia de aplicação, visando avaliar o atendimento a critérios relevantes ao objetivo previsto. Consequentemente, com a obtenção de evidências, torna-se necessário um nível de investigação mais sofisticado, pois apenas a observação ou percepção não são suficientes para caracterizar o resultado. O termo "critério" é usado neste Manual com o sentido definido na Norma Série ISO 14010 – "Diretrizes para Auditoria Ambiental – Princípios Gerais", ou seja, *critérios da auditoria correspondem a políticas, práticas, procedimentos e/ou requisitos relativos ao objeto da auditoria, contra os quais o auditor compara as evidências coletadas na auditoria.*

Não se deve confundir auditoria com fiscalização. O auditor identifica se os critérios que estão sendo verificados na auditoria estão sendo adequadamente observados e informa a seu cliente os resultados. O fiscal verifica o cumprimento das leis, normas e regulamentos aplicáveis e notifica os eventuais descumprimentos ao organismo responsável pela aplicação da sanção pertinente. Em geral, há a concepção errônea de que um auditor ou uma auditoria tenham objetivos punitivos. Isto decorre das sanções aplicadas a pessoas físicas e jurídicas que sofrem auditorias compulsórias, aplicadas por exigência do setor público ou por clientes ou acionistas de empresas, quando identificam que estes podem estar descumprindo alguns requisitos que lhes sejam pertinentes.

Não obstante, é importante observar que a auditoria é apenas um processo de exame ou avaliação sistemática e independente que identificará as conformidades e as não-conformidades do auditado para com o objeto de auditagem, apresentando-as ao contratante da auditoria que, caso tenha interesse e recursos, tomará as medidas necessárias à correção das não-adequações detectadas. Assim, o auditor deve ser visto como um colaborador e não como um inimigo ou pessoa incômoda para a empresa.

A auditoria ambiental voluntária ou compulsória é uma investigação documentada, independente e sistemática de fatos, procedimentos, documentos e registros relacionados com o meio ambiente. Ela pode ser usada para atender a objetivos da própria diretoria da empresa ou de clientes, governo, acionistas, investidores, seguradoras etc., o que definirá seu escopo, critérios de aplicação e resultados. Os procedimentos seguidos em sua aplicação são semelhantes.

O objetivo da auditoria ambiental define sua classificação. Dentre as categorias mais aplicadas destacam-se:

- auditoria de *conformidade legal (compliance)* – avalia a adequação da unidade auditada com a legislação e os regulamentos aplicáveis;
- auditoria de *desempenho ambiental* – avalia a conformidade da unidade auditada com a legislação, os regulamentos aplicáveis e indicadores de desempenho ambiental setoriais aplicáveis à unidade;
- auditoria de *Sistema de Gestão Ambiental* – avalia o cumprimento dos princípios estabelecidos no Sistema de Gestão Ambiental (SGA) da empresa e suas adequação e eficácia;
- auditoria de *certificação* – avalia a conformidade da empresa com princípios estabelecidos nas normas pela qual a empresa esteja desejando se certificar. No caso da auditoria de certificação ambiental pela Série ISO 14000, esta é muito semelhante à auditoria de SGA, porém deve ser conduzida por uma organização comercial e contratualmente independente da empresa, de seus fornecedores e clientes e credenciada por um organismo competente;
- auditoria de *descomissionamento (decommissioning)* – avalia os danos ao ecossistema e à população do entorno de alguma unidade empresarial em consequência de sua desativação (paralisação definitiva de suas atividades);
- auditoria de *responsabilidade (due dilligence)* – destinada a avaliar o passivo ambiental das empresas, ou seja, suas responsabilidades ambientais efetivas e potenciais. É geralmente usada nas ocasiões de fusões, aquisições diretas ou indiretas ou de refinanciamento de empresas. Sua aplicação indica ao futuro comprador, parceiro ou sócio os possíveis riscos e responsabilidades, valorizando-os monetariamente, sempre que possível. A valoração dos custos ambientais a serem incorridos por empresas ainda enfrenta dificuldades e carece de estudos. Os métodos de valoração monetária dos danos ambientais são, em geral, questionáveis. Mas, face à necessidade de se conhecer os encargos a ela inferidos pelo descumprimento dos padrões ambientais estabelecidos e o valor que esta poderá ter de despender para corrigir e/ou compensar os danos causados ao meio ambiente contabilizam-se como passivo ambiental, em geral, os seguintes custos: multas, taxas e impostos ambientais a serem pagos; gas-

tos para implantação de procedimentos e tecnologias que possibilitem o atendimento às não-conformidades; dispêndios necessários à recuperação da área degradada; e indenização à população afetada;

- auditoria de *sítios* – destinada a avaliar o estágio de contaminação de um determinado local;
- auditoria *pontual* – destinada a otimizar a gestão dos recursos, a melhorar a eficiência do processo produtivo e, consequentemente, minimizar a geração de resíduos, o uso de energia ou de outros insumos.

Quando o objetivo da auditoria é a certificação de conformidade de um produto, processo ou serviço com uma norma ou outro documento normativo, habitualmente se faz uso da Resolução do Conselho Nacional de Metrologia, Normalização e Qualidade Industrial – CONMETRO nº 08/92, para classificá-la, como se segue:

- auditoria de *primeira parte* – corresponde à declaração feita pela própria empresa, atestando, sob a sua exclusiva responsabilidade, que um produto, processo ou serviço está em conformidade com uma norma ou outro documento normativo especificado;
- auditoria de *segunda parte* – corresponde ao ato pelo qual o comprador (segunda parte) avalia o seu fornecedor, de modo a verificar se o produto, processo, serviço e sistema estão em conformidade com uma norma ou outro documento normativo especificado;
- auditoria de *terceira parte* – procedimento pelo qual uma terceira parte (independente das partes envolvidas) dá garantias, por escrito, de que o produto, processo ou serviço estão de acordo com as exigências especificadas.

2.2 VANTAGENS E DESVANTAGENS EM APLICAR AUDITORIA AMBIENTAL

Assim como a auditoria contábil é básica para a indicação da *saúde* financeira de uma empresa, a auditoria ambiental tem se tornado ferramenta básica na avaliação da *saúde* ambiental da empresa.

Nos casos em que há comprometimento da direção da empresa e disponibilidade de recursos para aplicá-la e para corrigir as não-conformidades detectadas, a auditoria ambiental nas empresas permite obter os seguintes *benefícios:*

- identificação e registro das conformidades e das não-conformidades com a legislação, com regulamentações e normas e com a política ambiental da empresa (caso exista);
- prevenção de acidentes ambientais;
- melhor imagem da empresa junto ao público, à comunidade e ao setor público;
- provisão de informações à alta administração da empresa, evitando-lhe surpresas;
- assessoramento aos gestores na implementação da qualidade ambiental na empresa;
- assessoramento à alocação de recursos (financeiro, tecnológico, humano) destinados ao meio ambiente na empresa, segundo as necessidades de proteção do meio ambiente e as disponibilidades da empresa, descartando pressões externas;
- avaliação, controle e redução do impacto ambiental da atividade;

- minimização dos resíduos gerados e dos recursos usados pela empresa;
- promoção do processo de conscientização ambiental dos empregados;
- produção e organização de informações ambientais consistentes e atualizadas do desempenho ambiental da empresa, que podem ser acessadas por investidores e outras pessoas físicas ou jurídicas envolvidas nas operações de financiamento e/ou transações da unidade auditada; e
- facilidade na comparação e no intercâmbio de informações entre as unidades da empresa.

Estes benefícios podem ter em contrapartida algumas *desvantagens* da aplicação da auditoria ambiental, dentre as quais destacam-se:

- necessidade de recursos adicionais para implementar o programa de auditoria ambiental;
- possibilidade de incorrer em dispêndio inesperado e expressivo de recursos para atender às não-conformidades detectadas na auditoria ambiental;
- indicar falsa sensação de segurança sobre os riscos ambientais, caso a auditoria seja conduzida de forma inexperiente ou incompleta; e
- possibilidade de que as indústrias sofram pressões de órgãos governamentais e de grupos ambientais para demonstrar os resultados da auditoria ambiental.

A auditoria ambiental e o retrato momentâneo do desempenho ambiental da empresa, isto é, ela verifica se a empresa está, momentaneamente, atendendo ao padrão ambiental estabelecido nos critérios da auditoria, podendo concluir-se que:

- sua aplicação mitiga a possibilidade de ocorrer um acidente ambiental e de a empresa não atender aos requisitos legais de proteção ambiental mas não a elimina. Concomitantemente, é relativa a sua eficácia enquanto instrumento de promoção da melhoria do desempenho ambiental da empresa; e
- para que a auditoria ambiental seja um eficaz instrumento de proteção ambiental empresarial ela deve ser aplicada com frequência regular (mínima anual), estar inserida em um programa de gestão ambiental da empresa e ter garantida a implementação, por parte da empresa, das medidas corretivas das não-conformidades identificadas.

Assim, para obter maior efetividade das auditorias ambientais na promoção da proteção ambiental empresarial, estas devem estar integradas a um sistema estruturado de gestão ambiental, que esteja, efetivamente, vinculado ao sistema gerencial global da organização.

Para o setor público e a sociedade, a aplicação da auditoria ambiental pelas empresas, com a divulgação de seus resultados, é tida como um instrumento auxiliar dos órgãos ambientais, para que estes possam obter mais eficiência na gestão do meio ambiente.

Segundo a *International Chambre of Commerce – ICC*, as empresas adotam programas de auditoria ambiental para atingir objetivos distintos mas o principal é orientar a empresa para atender às exigências da legislação aplicável e, em seguida, atender aos requisitos estabelecidos em seus sistemas de gestão. O estabelecimento de um programa de auditoria ambiental passa por três etapas, conforme pode ser visto na Figura 2.1.

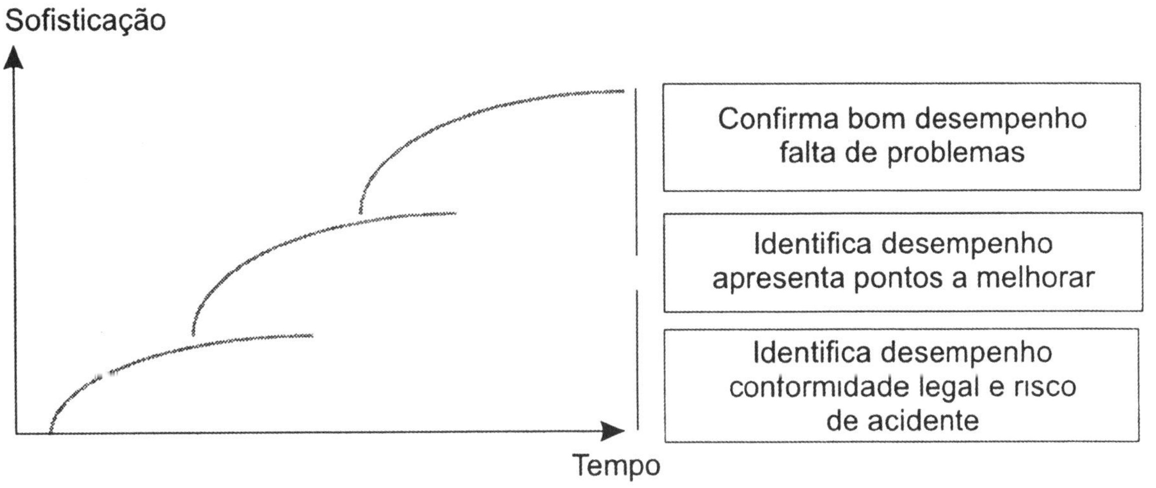

Fonte: International Chambre of Commerce.

Figura 2.1. *Evolução Natural de um Programa de Auditoria Ambiental.*

Assim, quando a empresa está estabelecendo seu programa de auditoria ambiental procura identificar os problemas e os riscos ambientais de modo a corrigi-los. Em uma segunda etapa, busca estar em conformidade com a política ambiental da empresa, que incorpora a necessidade de atender às exigências legais, dentre outras. Em um terceiro estágio, verifica a eficácia da gestão ambiental em assegurar-lhe um desempenho ambiental considerado "bom". Nesta etapa, a empresa, em geral, considera que a melhoria de seu desempenho ambiental pode lhe fornecer vantagens econômicas. A auditoria ambiental é um instrumento para a gestão ambiental empresarial, mas não a substitui.

2.3 ITENS ESSENCIAIS À APLICAÇÃO DA AUDITORIA AMBIENTAL

É essencial para a efetiva aplicação da auditoria ambiental a definição clara, objetiva e documentada do seu objetivo e escopo, bem como a identificação dos envolvidos – cliente, equipe de auditores e auditados.

A eficiência da execução de uma auditoria depende, pois, da existência de:

- recursos suficientes para apoiar a auditoria;
- adequada informação a respeito do objeto de auditagem, permitindo definir critérios claros para a auditoria;
- definição rigorosa, clara e prática do objetivo e do escopo da auditoria;
- organização da auditoria com definição de um plano completo para sua aplicação, com a indicação dos critérios a serem utilizados;
- cooperação por parte dos auditados; e
- equipe de auditores independente e adequada aplicação da auditoria ambiental.

Assim, a auditoria ambiental só deve ser aplicada caso haja certeza de que os itens apresentados serão contemplados.

A auditoria ambiental, quando usada como instrumento de controle de critérios e medidas estipulados com o objetivo de evitar a degradação ambiental e possíveis acidentes, deve contar com o comprometimento da alta direção da empresa para com a proteção do meio ambiente e a adoção das medidas corretivas que se façam necessárias. A alta direção deve estar consciente de que a aplicação da auditoria ambiental dar-lhe-á a verdadeira imagem do que ocorre em sua empresa, proporcionando a montagem de um perfil realístico dos seus pontos críticos e falhos.

Para que haja consistência nos resultados é importante que as auditorias ambientais nas diversas unidades das empresas e nos distintos períodos sigam padrões semelhantes de abrangência – definição de escopo e de período a ser analisado na auditoria –, e de procedimentos – metodologia aplicada e uso de instrumentos.

Os impactos ambientais das empresas não se limitam ao interior desta, conforme pode ser identificado no quadro que se segue. Portanto, é necessário que a equipe de auditores ambientais considere o entorno da unidade submetida à auditoria, identificando os possíveis impactos e o cumprimento dos critérios estabelecidos para a auditoria. Esta observação auxiliará a equipe a identificar eventuais não-conformidades. Em geral, quando o objetivo da auditoria ambiental é verificar o passivo ambiental da unidade é recomendável que o auditor entreviste pessoas que residam em seu entorno, identificando as potenciais reivindicações à unidade.

Entrada	Processo	Unidade/Entorno
		Produtos
		Efluentes líquidos
		Emissões gasosas
Insumos ➠	Processo produtivo ➠	Resíduos
		Ruídos e vibrações
		Odores
		Radiações

É importante observar que não é objetivo de qualquer auditoria a recomendação das soluções para os problemas porventura identificados, mas, muitas vezes, estas soluções são apresentadas e discutidas. Neste caso, trata-se, a rigor, da prática de consultoria junto à empresa, devendo-se evitar sua inclusão na auditoria ambiental. Esta deve ser estabelecida *a posteriori* e prever a elaboração de um plano de ação, conforme será apresentado no Capítulo 4.

Capítulo 3

Auditoria Ambiental e Legislação

O cumprimento da legislação ambiental é um critério que deve ser considerado tanto na realização das auditorias ambientais com fins legais, quanto em outros vários tipos de auditoria ambiental baseados em códigos privados. O escopo da legislação ambiental a ser considerado é variável, dependendo do tipo de auditoria ambiental a ser realizada. Entretanto, o conhecimento da legislação ambiental por meio de levantamento, análise e identificação da legislação aplicável às atividades e empreendimentos desenvolvidos por uma organização, é uma etapa indispensável no planejamento e na execução dos diferentes tipos de auditoria ambiental.

Nas auditorias ambientais com fins legais a verificação do cumprimento da legislação ambiental federal, estadual e municipal é um dos seus principais objetivos. O mesmo ocorre nas auditorias de conformidade legal. Nas auditorias de sistemas de gestão ambiental uma das verificações que podem ser realizadas é, por exemplo, se as organizações estabelecem e mantêm procedimentos para identificar e ter acesso à legislação e a outros requisitos por ela subscritos, aplicáveis aos aspectos ambientais de suas atividades, produtos ou serviços.

Dessa forma, são necessários o conhecimento e a identificação da legislação ambiental aplicável à atividade ou ao empreendimento a ser auditado.

Já foram organizadas algumas coletâneas de legislação ambiental, em nível federal, estadual e municipal, o que pode facilitar a pesquisa legislativa. Porém, a evolução da legislação ambiental é um processo muito dinâmico, o que a torna rapidamente desatualizada. Entretanto, são fontes de consulta a serem consideradas, devendo sempre ser observadas as questões referentes à aplicação da legislação no espaço e no tempo, bem como a hierarquia das normas jurídicas. Outrossim, já estão sendo elaborados bancos de dados informatizados contendo a legislação ambiental federal existente e a referente a alguns estados e municípios, onde a demanda por essa informação é maior, muitas vezes decorrente da alta concentração de atividades empresariais nessas regiões. O incremento da legislação ambiental, bem como as normas da Série ISO 14000, têm impulsionado a elaboração desses bancos de dados.

Em nível federal, está em tramitação, no Congresso Nacional, um projeto de lei dispondo sobre a realização de auditorias ambientais. Em alguns estados e municípios a legislação ambiental já contempla as auditorias ambientais. Assim, a auditoria ambiental encontra-se incorporada à legislação de estados e municípios brasileiros, como, por exemplo, o Estado do Espírito Santo, o Estado de Minas Gerais, o Estado do Rio de Janeiro, o Município de Santos e o Município de Vitória. O Quadro 3.1 apresenta um elenco, não exaustivo, da Legislação Brasileira sobre Auditoria Ambiental.

Com o incremento da legislação que trata das auditorias ambientais é constatada a existência de conflitos e incompatibilidades em diferentes atos normativos. Nesse sentido, podem ser citados os seguintes aspectos: questões conceituais (definições); objetivos; classificação; tipo e escopo da auditoria; tipologia das atividades a serem auditadas; diretrizes para realização; periodicidade; fases de execução do processo; participação popular no processo, inclusive no que se refere à consulta à comunidade; relatório; publicidade do relatório; requisitos e exigências referentes aos auditores ambientais; atribuições, responsabilidades e atuação dos órgãos ambientais, dos auditores ambientais, e das empresas; infrações; e sanções.

Quadro 3.1. Exemplos da Legislação Brasileira sobre Auditoria Ambiental

Lei	Ente Federativo	Situação	Frequência (anos)	Tipo	Publicidade do Relatório
Lei nº 9966/00, de 28/04/00 e Resolução CONAMA 306/02 e 381, de 15/12/06	União	Em vigor	2	Externa	nd*
Lei nº 3.458, de 04/10/04, altera a Lei nº 1.224, de 11/10/96	Distrito Federal	Em vigor	2	Externa	Público, preservando-se sigilo Industrial
Lei nº 1.898 de 26/11/91, Decreto nº 21.470 A, de 05/06/95 e Resolução CONEMA 021, de 07/05/10 (DZ-056-R.3)	Estado do Rio de Janeiro	Em vigor	1	Externa/ Interna	Público
Lei nº 10.627 de 16.01.92, Lei nº 15.017, de 15/01/2004 e Lei nº 17.039, de 16/10/2007	Estado de Minas Gerais	Em vigor	2	Externa	nd
Lei nº 4.802, de 02/08/93 e Decreto nº 3.795-N, de 27/12/94	Estado do Espírito Santo	Em vigor	3	nd	Vetado
Lei nº 12.148, de 29/07/93, complementada pela Lei nº 12.685, de 09/05/97	Estado do Ceará	Em vigor	1	Externa	Audiência Pública, se solicitado
Lei Complementar nº 38, de 21/11/95	Estado do Mato Grosso	Em vigor	nd	Externa	Nd
Lei nº 1.600, de 25/07/95, revogada pela Lei nº 3.839, de 28/12/09	Estado do Mato Grosso do Sul	Revogado	3	Externa	Público, preservando-se sigilo Industrial
Lei nº 13.448, de 11/01/02	Estado do Paraná	Em vigor	4	Externa/ Interna	Público, preservando-se sigilo Industrial
Constituição Estadual, de 05/10/89 e Lei nº 9.509, de 20/03/97 (Política Estadual de Meio Ambiente)	Estado de São Paulo	Em vigor	nd	Não é compul-sória	nd
Lei nº 11.520, de 03/08/2000	Estado do Rio Grande do Sul	Em vigor	3	Externa/ Interna	Público, preservando-se sigilo Industrial
Lei nº 790, de 05/11/91	Município de Santos	Em vigor	2	Externa	Público
Lei nº 848, de 10/04/92	Município de São Sebastião	Em vigor	2	Externa	nd
Lei nº 3.968, de 15/09/93	Município de Vitória	Em vigor	2	Externa	Público
Lei nº Orgânica Municipal, de 05/04/90	Município do Rio de Janeiro	Em vigor	nd	nd	nd
Lei nº 4.362, de 12/01/99	Município de Bauru	Em vigor	nd	Externa/ interna	Público

Fonte: Elaboração própria. * Não definido.

Serão necessárias uma harmonização e uma compatibilização das exigências da legislação ambiental que regulamentam as auditorias ambientais legais, aplicáveis a um mesmo local. Por exemplo, a uma empresa localizada no Município de Vitória é aplicável a legislação sobre auditoria ambiental existente no Município, bem como a do Estado do Espírito Santo.

Da mesma forma, é necessário analisar e discutir questões referentes à implantação das auditorias ambientais com fins legais no Brasil, ou seja, os mecanismos para transformá-las em um instrumento eficiente de auxílio à fiscalização ambiental.

A necessidade de harmonizar e compatibilizar as exigências da legislação que regulamenta as auditorias ambientais como instrumento de política pública e a discussão sobre sua implantação no país são partes do problema a ser considerado. Questão ainda mais complexa refere-se aos conflitos/incompatibilidades das auditorias ambientais com fins públicos e das auditorias ambientais baseadas em códigos empresariais.

Desta última, a que vem sendo realizada mais comumente é a auditoria de sistema de gestão ambiental, que consiste em uma avaliação sistemática para determinar se o sistema está de acordo com os esquemas planejados; se está efetivamente implementado; e se é adequado para cumprir a política ambiental definida pela empresa. Considerando que uma das questões a serem avaliadas na realização das auditorias ambientais de sistema de gestão ambiental é a efetividade do sistema de gestão em cumprir a política ambiental da empresa e que esta política ambiental deve ter comprometimento com o cumprimento da legislação ambiental, pode-se concluir que a auditoria ambiental deve avaliar se a empresa tem condições, com base no sistema de gestão, de cumprir a legislação ambiental aplicável.

Entretanto, cabe ressaltar que a auditoria de sistema de gestão ambiental é apenas uma avaliação do sistema implantado e não do efetivo desempenho ambiental da empresa. Da mesma forma, pode haver o entendimento de que com a sua realização se consegue avaliar a capacidade da empresa em cumprir a legislação ambiental e o efetivo cumprimento da legislação ambiental. A partir desta consideração, pode-se observar a existência de conflitos no escopo de determinados tipos de auditorias ambientais baseados em códigos empresariais, principalmente as auditorias de sistemas de gestão, com o escopo das auditorias ambientais determinadas por lei, já que estas últimas se assemelham mais às auditorias de desempenho ambiental e de conformidade, onde a avaliação dos fatores ambientais para demonstrar conformidade com a legislação ambiental e com as licenças ambientais é fundamental na avaliação do desempenho ambiental da empresa.

Há outros conflitos entre as auditorias ambientais com fins públicos e as auditorias ambientais empresariais, como os procedimentos para sua realização e questões referentes aos auditores ambientais. Por exemplo, a Série ISO 14010 – "Diretrizes para Auditoria Ambiental – Princípios Gerais" trata, em seu item 4.3, da questão da conduta profissional adequada, estabelecendo a confidencialidade e a discrição no relacionamento entre os membros da equipe de auditoria e o cliente. É proibido aos membros da equipe de auditoria revelar informações ou documentos obtidos durante a auditoria e no relatório final, para qualquer terceira parte, sem a aprovação expressa do cliente e, quando for o caso, com a aprovação da empresa auditada, a menos que exigido por lei.

Ao mesmo tempo em que se constata o incremento da legislação brasileira que trata das auditorias ambientais com fins legais, observa-se a crescente adoção voluntária pelas empresas dessas auditorias ambientais baseadas em normas, principalmente em decorrência das razões já apresentadas. Essas auditorias facultativas e voluntárias não estão sujeitas à intervenção das agências ambientais, sendo comum que se revistam de caráter sigiloso e confidencial, sem que seus resultados sejam divulgados para a sociedade.

Capítulo 4

Planejamento e Condução da Auditoria Ambiental

4.1 AS ETAPAS DA AUDITORIA AMBIENTAL

Neste capítulo serão apresentados os passos básicos para a aplicação de uma eficiente auditoria ambiental. As auditorias ambientais variam em função de seus objetivo, escopo e cliente, o que poderia levar à necessidade do estabelecimento de uma metodologia específica para cada categoria de auditoria. A experiência, documentada na bibliografia levantada, demonstra que não há tal necessidade, pois os procedimentos a serem seguidos na sua aplicação se assemelham, guardando características com as demais auditorias – contábil, operacional, qualidade do processo produtivo.

Num processo de auditoria ambiental, inicialmente, são definidos, entre o auditor líder e o cliente, o objetivo e o escopo da auditoria. Em seguida, são definidos os recursos e a equipe de auditores necessários a sua execução. Paralelamente, é estabelecido um contato entre auditor/cliente e auditado, onde os primeiros informam ao segundo o objeto da auditoria e solicitam-lhe algumas informações para subsidiar a preparação da auditoria. Ciente, o auditado fornece as informações solicitadas pela equipe de auditores, que de posse delas seleciona os processos, procedimentos, informações, dados e materiais que devem ser verificados para atender ao objetivo e ao escopo da auditoria e prepara o material de apoio (questionário de pré-auditoria, lista de verificação ou *check list,* protocolos) à sua aplicação no local/unidade.

Os auditores vão a campo munidos do material que os auxilia na verificação da confiabilidade das informações fornecidas pelos auditados e na avaliação do atendimento aos critérios estabelecidos para a auditoria. É estabelecida, então, a identificação das evidências, sendo necessário que a equipe de auditores busque confirmação destas para as conformidades e não-conformidades obtidas durante o processo da auditoria (os termos "conformidade" e "não-conformidade" são largamente utilizados na realização de auditorias para indicar, respectivamente, atendimento e não-atendimento aos critérios verificados). É recomendável que os auditores estejam acompanhados de um representante da unidade visitada, que poderá comprovar determinadas evidências, como as visuais.

As evidências são geralmente baseadas em entrevistas, exame de documentos, observações das atividades, resultados de medições e testes ou outros meios, sendo, portanto, documentais, testemunhais, visuais e decorrentes de resultados de análise laboratorial. O uso de instrumentos auxiliares durante a auditoria, como gravadores, máquinas fotográficas etc., deve ser evitado. Podem inibir os auditados, dificultando a obtenção das evidências. As evidências obtidas são agregadas e analisadas em conjunto pela equipe de auditores que emite sua opinião, apresentando os resultados e a conclusão da auditoria a seu cliente.

Em geral, os resultados da auditoria são de caráter confidencial entre auditor e cliente. A equipe de auditores não pode disponibilizar informações ou documentos obtidos durante a auditoria para qualquer terceira parte, exceto mediante expressa autorização do cliente e, quando apropriado, do auditado.

O processo de auditoria ambiental pode sofrer pequenas variações, com algumas etapas sendo mais ou menos detalhadas em decorrência de seus objetivo, escopo e periodicidade de aplicação, mas a realização das auditorias deve obedecer à seguinte sequência: planejamento, preparação do material de apoio, atividade no local, elaboração e apresentação do relatório da auditoria.

A Figura 4.1 ilustra, em linhas gerais, o processo de uma auditoria ambiental

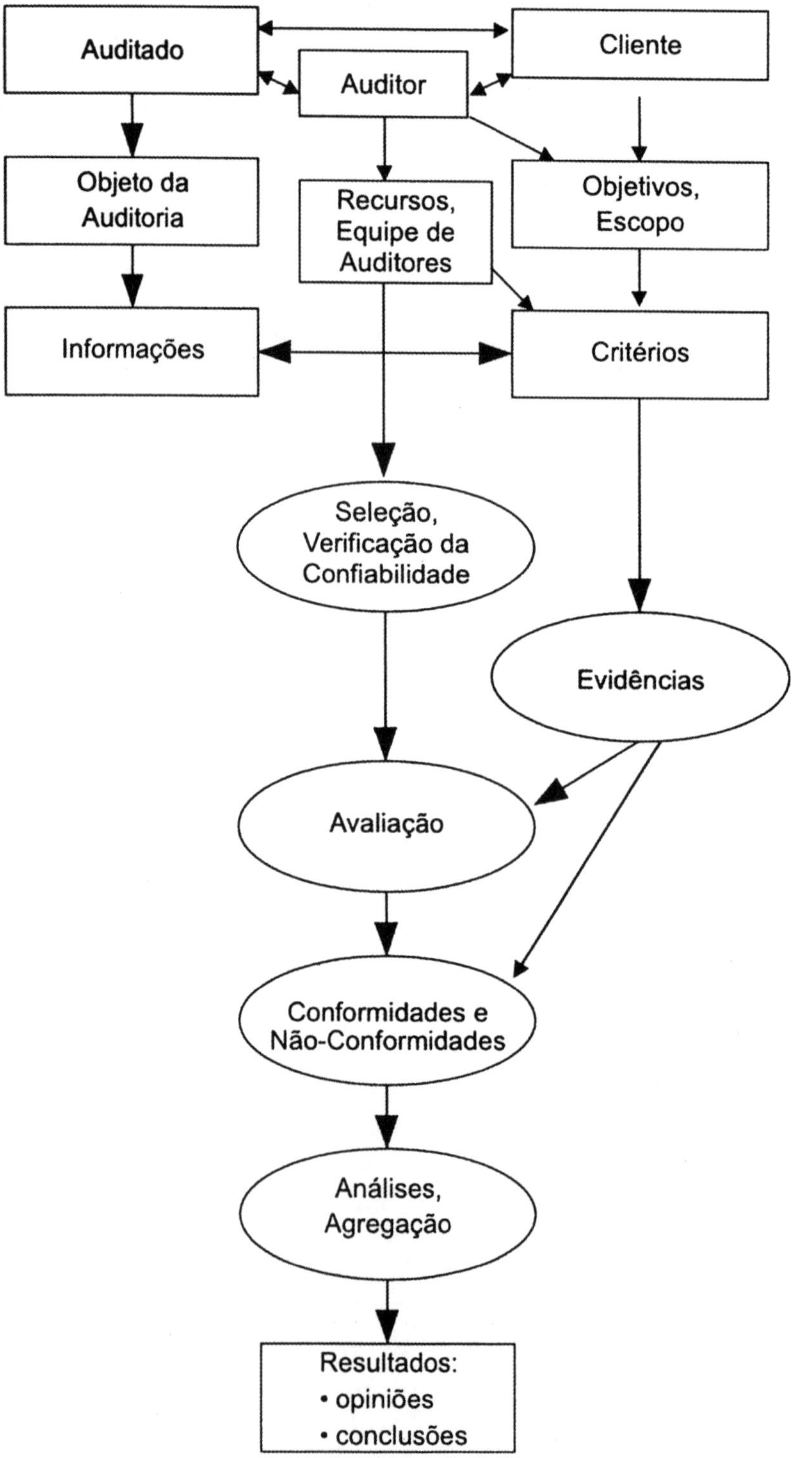

Fonte: ISO – Types of Environmental Audit and Associated ISO – Activities – Discussion Document.

Figura 4.1. *Processo Genérico de Auditoria Ambiental.*

4.1.1 PLANEJAMENTO DA AUDITORIA

O planejamento é essencial para que sejam definidos os elementos-chave de uma auditoria ambiental: o objetivo; o escopo; os critérios; os recursos necessários; a equipe de auditores e respectivas responsabilidades; e as datas de realização da auditoria *in loco.*

4.1.1.1 *Definição do Objetivo*

O objetivo deve ser claramente definido de forma a atender às expectativas e necessidades do cliente da auditoria e evitar interpretações diversas, interferindo no resultado final. Define-se nesta etapa se a auditoria pretende verificar a conformidade da empresa para com a legislação, com sua política ambiental, com seu sistema de gestão ambiental, dentre outros possíveis objetivos. Deve-se evitar a definição de inúmeros objetivos, o que pode confundir e dificultar a atuação dos auditores. De acordo com o objetivo definido, a auditoria se enquadra em uma das categorias apresentadas no Capítulo 2: auditoria de conformidade legal, auditoria de sistema de gestão ambiental, auditoria de desempenho ambiental, auditoria de certificação ambiental, auditoria de sítio etc.

4.1.1.2 *Definição do Escopo*

O escopo deve estar definido de forma clara e objetiva delimitando o campo de atuação da auditoria, de acordo com seu objetivo. Ele é definido pelo auditor líder em conjunto com o cliente.

Na delimitação do escopo da auditoria consideram-se:

- *Localização geográfica:* define-se onde será realizada a auditoria, isto é, que atividades dentre as localizadas em uma determinada cidade, estado ou país. Para empresa/corporação que tenha diversas unidades em uma mesma cidade/estado, recomenda-se a escolha de uma delas para a aplicação da primeira auditoria, seguida, paulatinamente, pelas demais. No caso de empresas dispersas por vários países e que estejam iniciando seu processo de auditorias, sugere-se que seja iniciado nas unidades de um determinado país e, somente num segundo momento, passe a ser aplicado em outros países.
- *Limites organizacionais:* definem-se os limites organizacionais da auditoria, isto é, se a auditoria será aplicada em toda a organização; em alguma(s) de sua(s) unidade(s); ou em apenas alguma(s) área(s) funcional(is) (produção, armazenagem, comercialização etc.), da organização; ou de alguma(s) unidade(s). Como todas as áreas de uma empresa têm relação com as questões ambientais, logo é indispensável que se delimite as unidades e as áreas funcionais da empresa que serão auditadas antes de iniciar a preparação do material a ser aplicado na auditoria.
- *Objeto de auditagem:* define-se o que será auditado, isto é, se a auditoria ambiental será aplicada em conjunto com auditorias de saúde, segurança do trabalhador, qualidade do processo produtivo, análise de risco etc.

- *Período:* define-se o período, isto é, a data a partir da qual serão levantadas as informações e as evidências de conformidade e de não-conformidade da unidade submetida à auditoria. Esta é estabelecida de acordo com fatores como o objetivo da auditoria, periodicidade, tipo de atividade da unidade auditada, localização, data de instalação e tempo de funcionamento da unidade. Em caso de empresas que apliquem auditorias periódicas, o auditor deve avaliar a empresa a partir da data de realização da auditoria precedente. Caso se trate de uma primeira auditoria, admite-se que a definição de um período de dois anos para submeter à avaliação seja razoável para entender o funcionamento de uma empresa e detectar risco de ocorrência de acidente ambiental. Este período, entretanto, é variável, não existindo qualquer regra preestabelecida.
- *Tema ambiental:* avalia-se que itens serão avaliados na auditoria – poluição do ar, da água, de resíduos sólidos, uso de recursos naturais, riscos ambientais etc. Em geral, a definição dos itens está correlacionada ao tipo da auditoria e à tipologia da atividade em questão. Observa-se que os impactos ambientais causados pelas unidades não se limitam a seu interior, e, sendo assim, sugere-se que o auditor não limite seu campo de atuação ao interior da unidade auditada, incluindo, também, o em torno da empresa (vide Capítulo 2, item 2.4).

4.1.1.3 *Definição dos Critérios*

Os critérios da auditoria correspondem às políticas, práticas, procedimentos ou regulamentos (legais, organizacionais, normas) que serão utilizados pelo auditor como referência para a coleta das evidências da auditoria. Eles serão selecionados em função do objetivo e do escopo, devendo ser relacionados criteriosamente, de modo a agilizar o trabalho dos auditores.

Os materiais de apoio à aplicação da auditoria – lista de verificação *(check list),* protocolos, guias de entrevistas e outros –, são elaborados à luz dos documentos de referência, ou seja, dos critérios estabelecidos para a auditoria. O Capítulo 5 apresenta um modelo de questionário de pré-auditoria, de protocolo e lista de verificação, com base em critérios gerais, para auxiliar as empresas na elaboração desses instrumentos específicos à tipologia da sua unidade a ser auditada.

4.1.1.4 *Definição dos Recursos Usados na Auditoria*

Os recursos devem ser compatíveis com o objetivo e o escopo da auditoria. Devem ser fornecidos recursos humanos, físicos e financeiros suficientes para a sua aplicação.

4.1.1.5 *Seleção da Equipe de Auditores*

A partir da delimitação do escopo e dos recursos disponíveis define-se a equipe de auditoria, que deve ser imparcial e independente com relação à unidade a ser auditada.

Não se deve confundir independência dos auditores com necessidade de uso de auditores externos à empresa. Independência indica não subordinação à unidade auditada.

As auditorias podem ser externas, internas ou corporativas.

A *auditoria externa* é executada por pessoas especializadas no objeto de auditagem e sem qualquer vínculo empregatício com a empresa que está sendo auditada. Seu objetivo principal é expressar opinião sobre o segmento auditado, identificando as possíveis falhas nas empresas auditadas no que concerne ao objeto de auditagem, bem como sobre a confiabilidade dos trabalhos dos auditores internos, quando houver.

A *auditoria interna* é executada por empregado independente da unidade auditada e especializado no objeto da auditagem. Seu objetivo principal, normalmente, é verificar o atendimento aos regulamentos e às normas traçadas para a empresa e a prevenção de potenciais acidentes, tendo como preocupação primordial a identificação de eventuais irregularidades.

A *auditoria corporativa* é executada por pessoal especializado e independente pertencente à matriz, à empresa *holding* ou ao órgão central da empresa, no caso desta ser governamental.

Algumas empresas não possuem auditores internos e, portanto, utilizam-se apenas da auditoria externa.

A auditoria ambiental deve ser realizada por, pelo menos, dois auditores, independente do tamanho da empresa auditada. Em geral, há um auditor líder para cada equipe de auditores. O auditor líder é o responsável por assegurar a condução e a conclusão eficiente e eficaz da auditoria, de acordo com o escopo e o plano aprovado. Assim, ele necessita apresentar, além das características pessoais necessárias a um auditor, habilidade para assegurar um efetivo gerenciamento e liderança no processo de auditoria.

O auditor deve estar ciente de que os resultados da auditoria, ou o que foi observado durante a sua execução, só devem ser comentados e divulgados às partes interessadas, isto é, aos demais membros da equipe de auditoria, auditados, cliente e a quem este indicar.

Dentre as características pessoais indispensáveis a um auditor destacam-se: conduta ética, independência, objetividade, organização pessoal, capacidade analítica competência para expressar claramente conceitos e ideias (verbal e por escrito), autocontrole e perseverança. No que tange à capacidade técnica, a equipe deve ser formada de modo a ter capacitação para poder verificar, analisar e avaliar a observância aos critérios indicados para a auditoria.

Na auditoria ambiental, ao contrário do que ocorre com a auditoria da qualidade ou com a auditoria contábil, não é possível estabelecer critérios básicos que sejam aplicáveis a todos os setores. Logo, é necessário que a equipe de auditoria tenha capacitação técnica no objeto da auditagem, que varia de acordo com a atividade produtiva. Se necessário, esta pode ser apoiada por um especialista no objeto de auditagem (tipo de atividade e impactos ambientais específicos, como, por exemplo, ruídos, gestão de resíduos perigosos ou radioativos).

Além dos atributos necessários a auditores em geral, o auditor ambiental deve ter características específicas. A Norma Série ISO 14012 – "Diretrizes para Auditoria Ambiental – Critérios de Qualificação para Auditores Ambientais" sinaliza que para dar suporte à aplicação de auditorias ambientais e implantação de sistemas de gestão ambiental é necessário estabelecer diretrizes para qualificação de auditores ambientais, sendo o objetivo da norma fornecer esta orientação.

A mencionada norma admite que os auditores tenham somente a educação em nível médio (2° grau). Este critério, no Brasil, é questionável, especialmente quando se considera a escassez de cursos técnicos com qualidade suficiente para capacitar alunos em aspectos necessários a um auditor. Assim, tornou-se um critério não aceito nos sistemas nacionais de credenciamento de auditores. O Sistema Brasileiro de Certificação Ambiental prevê que os auditores devem ter escolaridade correspondente à formação universitária: Norma NI-DINQP-078 – "Critérios e Procedimentos para a Certificação de Auditores de Sistema de Gestão Ambiental".

No que se refere à experiência profissional, a Norma da Série ISO indica que o auditor deve ter habilidade e conhecimentos em algumas ou em todas as áreas que se seguem:

- Ciência e tecnologia ambiental.
- Aspectos técnicos e ambientais da operação das instalações.
- Leis ambientais, regulamentos e documentos relacionados.
- Sistemas e normas de gestão ambiental.
- Procedimentos, processos e técnicas de auditoria.

O tempo de experiência exigido para auditores que tenham apenas educação secundária – cinco anos –, é maior do que o exigido para auditores que tenham nível superior – quatro anos. Outrossim, os auditores devem ter concluído treinamento formal e prático para desenvolver a capacidade de executar auditorias ambientais. Este treinamento pode ser dado pela própria organização do auditor ou por uma organização externa. O treinamento formal deve abranger as áreas previstas no item referente à experiência profissional. A exigência de treinamento formal em algumas ou em todas as áreas relacionadas poderá ser dispensada se o candidato puder demonstrar sua competência por meio de exames reconhecidos ou qualificações profissionais relevantes. No que se refere ao treinamento prático, o auditor deve ter concluído um período equivalente a vinte dias úteis de auditoria ambiental, tendo realizado, no mínimo, quatro auditorias ambientais. Neste caso, foi considerada a duração média de cinco dias por auditoria. Esse treinamento deve incluir o envolvimento do auditor em todo o processo de auditoria, sob a supervisão e orientação de um auditor líder. É exigido, ainda, que este treinamento ocorra dentro de um período não superior a três anos consecutivos. Os auditores devem manter evidências objetivas de sua educação, experiência e treinamento, o que significa que devem possuir documentação ou outro indicador que comprovem esses requisitos.

A mencionada norma estabelece, também, as condições necessárias para ser um auditor líder. Antes de mais nada, este tem que demonstrar uma completa compreensão e aplicação dos atributos e habilidades pessoais requeridas para assegurar uma gestão e liderança eficiente e eficaz do processo de auditoria. Adicionalmente, outros critérios devem ser satisfeitos dentro de um período não superior a três anos consecutivos. São eles:

- Demonstrar atributos ou habilidades para o gerenciamento de programas de auditorias. Estes atributos são identificados por meio de entrevistas, observação, referências e/ou avaliações do resultado da auditoria ambiental.
- Participar em todo o processo de auditoria, num total equivalente a quinze dias adicionais de trabalho, realizando, no mínimo, três auditorias ambientais adicionais

completas – neste caso, os vinte dias de treinamento prático em, no mínimo, quatro auditorias, chega-se a uma exigência para o auditor líder de trinta e cinco dias de treinamento prático em, no mínimo, sete auditorias.

- Participar como auditor líder interino, sob a supervisão e orientação de um auditor líder, em pelo menos uma das três auditorias previstas no item anterior.

As características referentes a atributos necessários a auditores são muitas vezes genéricas e de difícil avaliação. A norma de referência estabelece, em seu Anexo A, diretrizes para auxiliar na avaliação das qualificações de auditores ambientais, que deve ser conduzida por pessoas com experiência concreta em operações de auditoria. Especifica que o processo de avaliação deve incluir alguns dos seguintes métodos:

- Entrevista com os candidatos.
- Avaliação escrita e/ou oral.
- Revisão dos trabalhos escritos dos candidatos.
- Discussão com antigos empregadores, colegas etc.
- Simulações.
- Detida observação sob condições normais de auditoria.
- Revisão de registros de educação, experiência e treinamento.
- Consideração das certificações e qualificações profissionais.

Em seu Anexo B estabelece diretrizes para o desenvolvimento de um organismo que assegure enfoque coerente para certificação e registro de auditores. Esse organismo deve ser independente e pode incumbir-se de certificar diretamente auditores ambientais ou credenciar outras entidades que, por sua vez, os certificarão de acordo com os critérios especificados na norma. Ressalta-se que este foi o critério adotado pelo INMETRO para o Sistema Brasileiro de Certificação Ambiental, pois ele irá credenciar outros organismos que então irão proceder à certificação dos auditores ambientais. Nesse sentido, foi aprovada a Norma NI-DINQP-077 – "Critérios para Credenciamento de Organismos de Certificação de Auditores Ambientais". Além disso, o INMETRO também credenciará os Organismos de Treinamento de Auditores Ambientais – Norma NI-DINQP-076.

4.1.2 PREPARANDO A AUDITORIA AMBIENTAL

É essencial à preparação e à aplicação da auditoria que haja aceitação e colaboração do auditado. A preparação da auditoria só deve ser iniciada após concluído seu planejamento, ou seja, é necessário que tenham sido estabelecidas:

- Definição rigorosa e clara do objetivo, escopo e critérios a serem adotados.
- Disponibilização de recursos suficientes para apoiar a auditoria.
- Seleção de equipe de auditores independente e adequada à sua aplicação.

Nesta etapa, a auditoria é organizada objetivando minimizar o tempo despendido pelos auditores na unidade, o que representaria maior ônus econômico para o auditado. A qualidade das informações obtidas terá influência direta no tempo destinado ao trabalho de campo dos auditores. É importante que para a otimização desta etapa sejam fornecidas informações completas e adequadas que minimizem o trabalho de campo sem comprometer a qualidade dos resultados da auditoria.

Os auditores em contato prévio com os auditados e com base nos objetivo, escopo e critérios estabelecidos para a realização da auditoria ambiental solicitam, por meio de um questionário, informações básicas para a estruturação do protocolo ou da lista de verificação *(check list)*, considerando os seguintes aspectos:

- Razão social, registros e licenciamentos pertinentes à unidade auditada.
- Organograma gerencial com identificação de responsabilidades.
- Estrutura de gestão da unidade auditada (política, sistema de comunicação e de informação etc.) e da corporação a que ela pertence (se for o caso).
- Mercado em que a unidade opera.
- Planta da unidade auditada.
- Fluxograma do processo de produção.
- Registro e inventário de poluentes (líquidos, gasosos, sólidos e material radioativo), ruídos, vibrações e odores.
- Registro de acidentes.
- Relação de insumos utilizados.
- Legislações, normas e regulamentos pertinentes.
- Exigências específicas para a unidade a ser auditada.
- Registros de treinamentos.
- Relatórios de auditorias ambientais anteriores ou inspeções anteriores, se for o caso.

Os protocolos e as listas de verificação *(check list)* conterão questões gerais e específicas. Assim, é importante que seja dado tempo aos auditados para reunir as informações solicitadas pelos auditores e as enviar de modo a que estes possam analisá-las e preparar um plano de auditoria com material adequado à otimização da aplicação da auditoria no local.

De posse das informações, os auditores as analisam, estabelecem e preparam os instrumentos e os documentos necessários à atividade de campo. O protocolo e a lista de verificação *(check list)* de auditoria ambiental, quando já existentes, são adaptados às necessidades da unidade em questão.

As empresas que já aplicam programa de auditoria ambiental periodicamente não necessitam gastar muito tempo nesta fase, pois parte das informações necessárias já se encontra à disposição ou é do conhecimento dos auditores.

A partir desta fase a equipe de auditores deve conhecer e compreender o sistema de produção, os aspectos ambientais, os mecanismos de controle e gestão, bem como as atribuições de tarefas e responsabilidades da unidade auditada.

Em alguns casos, já é possível detectar não-conformidades ou parâmetros falhos em termos de controle ambiental.

Pode, também, ser identificada a necessidade de incorporar à equipe de auditores um especialista numa determinada questão ambiental. Exemplificando: a partir da análise do material enviado pelos auditados, a equipe de auditores pode identificar a necessidade de incorporar à equipe algum especialista em tratamento de efluentes líquidos e que seja capaz de avaliar a tecnologia utilizada na unidade.

Quadro 4.1. O que são Questionário de Pré-auditoria, Protocolo e Lista de Verificação *(Check List)*

O *questionário de pré-auditoria* é um instrumento contendo uma relação de perguntas visando à obtenção de respostas detalhadas que esclareçam quanto aos procedimentos, as rotinas, os registros e as responsabilidades da empresa e auxiliem na elaboração dos demais instrumentos a serem utilizados em campo para a identificação de evidências de conformidades e não-conformidades com os critérios estabelecidos para a auditoria. No Capítulo 5, item 5.1, é apresentado um modelo de questionário.
O *protocolo* é um guia para ser usado pelo auditor na condução da auditoria. Contém completa orientação para a identificação das evidências de cumprimento ou não-cumprimento dos critérios estabelecidos para a auditoria. Na fase de preparação da auditoria os auditores adequam o protocolo genérico às exigências específicas, como legislação, normas e requisitos aplicáveis à unidade auditada, as quais devem ser identificadas e revistas. O Capítulo 5, item 5.2, apresenta um protocolo que pode ser adaptado para uma unidade produtiva.
A *lista de verificação (check list)* é uma relação de perguntas que procura identificar a existência de conformidade ou não-conformidade na unidade auditada. Um profissional com pouca ou média experiência, em princípio, não conduz uma auditoria apenas com uma lista de verificação, há que se fazer uso do protocolo. Profissionais experientes familiarizados com metodologia de auditoria ambiental e com a tipologia da unidade a ser auditada podem usar apenas a lista de verificação, sem necessitar do protocolo. O Capítulo 5, item 5.3, apresenta uma lista de verificação que pode ser adaptada para uma unidade produtiva.

A data da realização da auditoria em campo é agendada entre auditores e auditados. A equipe de auditoria deve enviar ao gerente da unidade auditada uma carta confirmando a data de aplicação da auditoria ambiental, objetivos, escopo e critérios da auditoria ambiental e de seus objetivos. Todos os trabalhadores da unidade devem ter conhecimento da auditoria.

4.1.3 APLICAÇÃO DA AUDITORIA NO LOCAL

Confunde-se muitas vezes o processo de auditoria com esta etapa, esquecendo-se das demais que, também, são essenciais para o sucesso da auditoria. A duração desta etapa depende do objetivo, do escopo e da complexidade da unidade auditada, bem como do tamanho e da qualificação da equipe de auditores. Em geral, o tempo requerido para sua realização varia de 2 a 5 dias. O desempenho da equipe nas etapas anteriores de planejamento e preparação da auditoria (pré-auditoria) tem influência na duração desta etapa, isto é, se previamente tiverem sido exaustivamente levantadas e analisadas as informações disponibilizadas ocorrerá maior agilidade na realização da auditoria na unidade.

Esta etapa tem como objetivo obtenção, análise e avaliação de evidências de atendimento aos critérios estabelecidos para a auditoria, utilizando a verificação *in loco* dos procedimentos, atribuições de responsabilidade, gestão empresarial interna, processo produtivo da empresa, monitoramento, registros, controles etc. Esta verificação se dá por meio de observação, entrevistas, realização de testes e análise amostral da documentação e dos procedimentos pertinentes à unidade submetida à auditoria.

É nesta etapa que se confirmam as não-conformidades identificadas na pré-auditoria e se completa a obtenção de evidências.

Independentemente do tipo de auditoria que se está realizando, compreende: apresentação, compreensão da unidade e de sua gestão, coleta de evidências, avaliação das evidências identificadas e apresentação dos resultados.

4.1.3.1 *Apresentação*

A aplicação da auditoria ambiental no local se inicia com uma reunião de abertura, na qual os auditores se apresentam e expõem ao gerente da unidade e aos demais membros, por ele indicados, os objetivos da auditoria, o modo pelo qual pretendem conduzi-la e os critérios para a avaliação das conformidades e das não-conformidades. Os auditados, por sua vez, apresentam-se e informam como pretendem auxiliar os auditores na condução da auditoria.

4.1.3.2 *Compreensão da Unidade e de sua Gestão*

Na busca das evidências cinco perguntas devem estar sempre na mente dos auditores: QUEM? O QUÊ? COMO? ONDE? e QUANDO?

É necessário para que se identifiquem as evidências de conformidade e não-conformidade; os potenciais riscos; as atribuições de cada indivíduo dentro da unidade, entendendo não só o que é realizado, mas, também, como e com que frequência e o local da ocorrência. Um evento pode ter magnitude de dano distinto de acordo com o local, com a maneira como está sendo realizado e com sua frequência. Assim, esta é uma etapa essencial na realização de qualquer auditoria.

O processo de compreensão da gestão da unidade começa com a obtenção de uma ampla visão das atividades desenvolvidas, que se inicia na preparação da auditoria (fase de pré-auditoria), com a análise das informações disponíveis. Na unidade, propriamente dita, é retomada com a reunião de abertura e prossegue na condução dos seguintes procedimentos:

- *Reunião de Trabalho:* reunião dos auditores com os membros indicados pela gerência da unidade (em geral, o gerente da unidade também participa desta reunião), quando são discutidos, dentro do escopo da auditoria, os aspectos ligados à operação e à estrutura organizacional da unidade e onde são estabelecidas as diretrizes gerais para a operacionalização da auditoria no local, como a definição dos locais e horários das entrevistas e as pessoas da unidade que acompanharão os auditores nos locais e horários definidos. Estes detalhes podem ser discutidos na própria reunião de abertura.

- *Visita de Reconhecimento:* a equipe de auditores visita a unidade, acompanhada pelos funcionários indicados, orientando-se com relação ao *layout* e às atividades que pertencem ao escopo da auditoria. Os funcionários destacados para acompanhar os auditores devem ser capazes de lhes responder e explicar questões e dúvidas apresentadas. A visita possibilita à equipe obter maior conhecimento relativo aos processos existentes e melhor avaliar como os processos e procedimentos podem afetar o meio ambiente, seja em rotina ou em ocasiões anormais. Possibilita o conhecimento das técnicas de controle dos vários processos. Nesta visita, também, os auditores já identificam conformidades e não-conformidades.
- *Revisão do Plano de Auditoria:* a equipe se reúne para verificar se considerou, no protocolo ou na lista de verificação, todos os tópicos aplicáveis à auditoria na unidade; confirmar se os recursos estão adequadamente distribuídos; e discutir não-conformidades já identificadas de modo a obter, na etapa seguinte, as evidências.

4.1.3.3 *Coleta de Evidências*

O maior tempo da auditoria local será destinado à obtenção das evidências que darão suporte às avaliações e conclusões da auditoria.

As evidências são obtidas em entrevistas com empregados; observação das práticas de trabalho; exame dos processos de produção; controle dos equipamentos; e revisão da documentação, tais como manuais de procedimentos, manifestos de resíduos, mapas de risco.

O protocolo ou a lista de verificação auxiliam na coleta de evidências, direcionando a atuação dos auditores de modo que estes não se desviem do objetivo da auditoria. Entretanto, estes são apenas um guia para auxiliar na condução da auditoria, assegurando que todos os pontos importantes sejam avaliados.

A capacitação da equipe de auditores e as técnicas por eles usadas nas entrevistas, nos testes e, na observação, influenciam na qualidade dos resultados da auditoria. Pode ocorrer durante a condução da auditoria que uma observação leve o auditor a identificar uma evidência não-relacionada no protocolo, devendo esta ser registrada e o desvio do protocolo documentado para auxiliar na execução de uma nova auditoria na mesma unidade e na apresentação dos resultados.

É importante que o auditor esteja ciente de que a constatação de uma não-conformidade não deve ser registrada a partir de apenas uma observação, mas que há necessidade de apresentá-la aos auditados, acrescida da coleta de evidência da descoberta. Exemplificando: a comparação de um inventário de resíduos com um manifesto de cargas de resíduos pode indicar que não há registro de transporte de um determinado resíduo. O questionamento ao responsável pelo controle pode confirmar se o resíduo está sendo estocado, reciclado ou inapropriadamente transportado e por isto não há registro no manifesto.

Conclui-se que a coleta de informações precisas deve ir além da simples observação de documentos preexistentes. Para tanto, pode-se usar, alternativamente ou cumulativamente, três técnicas:

- *Entrevista:* pode desenrolar-se de maneira formal ou informal, em geral fazendo uso do material preparado durante a pré-auditoria.

- *Observação:* o auditor deve ser bom observador. Tudo aquilo que pode ser visto, sentido e entendido pode se constituir em elemento de informação, de constatação.
- *Teste de verificação:* são úteis para avaliar os sistemas de controle interno (de gestão e técnica), bem como para identificar a conformidade com os critérios da auditoria em situações de atividade "anormais" na unidade. Os sistemas de controle se sofisticam de acordo com as características das atividades da empresa e, sobretudo, com o potencial de risco da mesma. Os testes podem ser, eventualmente, completados a partir da análise amostral de rejeitos líquidos, gasosos ou sólidos.

Observa-se que nem todas as auditorias terão este nível de precisão, com este grau de detalhamento. Assim, análise da documentação, entrevistas e observações em campo são técnicas essenciais na condução da auditoria, porém os testes de verificação podem variar consideravelmente.

Quadro 4.2. Algumas Técnicas Usadas na Aplicação da Auditoria Ambiental no Local

ENTREVISTA – A entrevista a funcionários da empresa, incluindo todos os níveis, desde a alta gerência ao operário de mais baixo salário, é um importante procedimento de auditoria. A entrevista deve ser feita com horário marcado e não deve exceder o tempo anteriormente fixado para tal, a não ser que haja concordância do funcionário e de seu chefe. Observa-se que, em geral, a aplicação de inúmeras entrevistas de curta duração é mais efetiva para a auditoria do que a realização de poucas e longas entrevistas.

O auditor deve estar bem preparado para a entrevista de modo a assegurar que a informação desejada poderá ser obtida. O nome e a função ou responsabilidades de cada entrevistado devem ser registrados antes de começar a entrevista. Espera-se que as respostas à lista de verificação *(check list)* somadas às informações adicionais obtidas durante a entrevista sejam suficientes para a obtenção da informação desejada.

As entrevistas são geralmente informais e aplicadas em uma sala reservada no próprio local de trabalho, pois é importante que sejam conduzidas em particular, de modo a deixar o trabalhador confortável para revelar informações. O auditado deve estar consciente do caráter sigiloso da entrevista, podendo com isto ter certeza de que as informações fornecidas não poderão resultar-lhe em futura sanção.

Para obter informações de qualidade, é relevante que se estabeleça uma agradável relação com o trabalhador. Uma introdução pessoal, assim como uma apresentação do papel do auditor e o propósito da entrevista auxiliam, em geral, na obtenção de um melhor entrosamento com o auditado. O auditor deve estar consciente e sensível a um possível nervosismo do entrevistado, demonstrando real interesse por seu ponto de vista.

Quando entrevistando, o auditor deve, se possível, formular questões que resultem em respostas que vão além de um "sim" ou "não". As questões devem ser guiadas de modo a resultar em opiniões do entrevistado. Escutar as respostas é importante, não apenas para assegurar que elas foram bem entendidas, mas, também, para demonstrar ao entrevistado a relevância do que ele tem a dizer. Um meio de demonstrar o interesse do auditor pela resposta obtida é resumindo e relatando os principais pontos obtidos com as respostas. Este procedimento possibilita que o trabalhador corrija algum mal-entendido e consolida a opinião do auditor.

Contribuem para a obtenção de acurada e imparcial informação as seguintes atitudes por parte do auditor: assegurar e enfatizar sua independência, bem como a manipulação privilegiada e restrita das informações, anotar e registrar as respostas. Observa-se que o uso de gravador pode inibir o entrevistado, implicando a não-obtenção dos resultados esperados com a entrevista.

Quadro 4.2 (Continuação)

O registro e a anotação das respostas evitam perda de informações relevantes ou posterior confusão destas. O auditor deve, no entanto, limitar-se a anotar as informações importantes e relevantes para o objeto da auditoria. O cruzamento das informações obtidas durante as entrevistas pode indicar evidências de não-conformidades.

NOTAS DE TRABALHO – As notas de trabalho da equipe de auditores conterão as evidências das conformidades e não-conformidades detectadas durante a auditoria. Concluída a auditoria, elas devem ficar guardadas com um dos membros da auditoria, em geral com o auditor líder, e ser apresentadas sempre que necessário.

Em geral, as notas de trabalho contêm:

- nome das pessoas contatadas;
- conteúdo das discussões;
- documentação examinada;
- informações relativas ao processo da auditoria, como apresentação das observações e entrevistas, indicando as dificuldades inerentes à obtenção de informações;
- testes solicitados, realizados e acompanhados;
- evidências positivas e negativas, acompanhadas de respectivas provas; e
- conclusões dos auditores.

Múltiplas são as funções das notas de trabalho, destacando-se:

- suporte ao relatório de auditoria, face ao caráter detalhado das informações;
- comprovação de informações fornecidas no relatório;
- auxílio ao auditor na organização de seu próprio trabalho;
- base para avaliação da adequação do material de trabalho preparado (protocolo, questionário, lista de verificação, *check list)* com base nos objetivos e no escopo da auditoria; e
- base de informações para uma auditoria futura.

Observa-se que não é necessário indicar um formato prévio para as notas de trabalho, que podem inclusive ser feitas no próprio questionário ou protocolo, mas é importante que estas sejam claras, precisas, datadas, numeradas e assinadas.

TÉCNICAS DE AMOSTRAGEM

Muitas vezes o volume de registros, documentos, empregados, equipamentos e atividades relacionadas diretamente com a unidade auditada pode ser elevado, tornando em determinadas situações muito dispendioso e difícil o exame minucioso e completo destes. Assim, os auditores, em geral, usam amostras significativas de registros, documentos, equipamentos, grupos de empregados, análises, dentre outros, para obter as evidências necessárias à conclusão da auditoria.

A despeito de o uso de amostras ser frequente e conhecido nas auditorias ambientais, é necessário muito cuidado por parte dos auditores na escolha da amostra e da técnica de amostragem usada, evitando com isto a obtenção de resultados tendenciosos, incorretos ou insustentáveis. Assim, Arthur D. Litlle (1988) sugere a aplicação dos passos que se seguem para escolher amostras significativas. São eles:

- determinar o critério a ser revisto na auditoria;
- identificar a população a ser revista;
- selecionar a técnica de amostragem a ser usada;

Quadro 4.2 (Continuação)

- determinar o tamanho da amostra;
- conduzir o exame da amostra; e
- registrar os resultados do exame indicando também a maneira como foi selecionada a amostra e a técnica de amostragem usada, apresentando, inclusive, a razão da mencionada escolha, bem como qualquer tendenciosidade da amostra, caso haja.

As técnicas de amostragem usadas na auditoria ambiental devem ser consistentes com o objetivo geral da auditoria e com o objetivo particular da etapa da auditoria em questão. Elas podem ser: dirigidas ou probabilísticas.

A amostragem dirigida cobre apenas uma determinada porção da população. Ela é selecionada em função de informações importantes anteriormente obtidas e do julgamento do auditor. Em geral, ela é usada para áreas sabidamente problemáticas ou de fraco gerenciamento.

Na amostragem probabilística, mais comumente usada, a amostra é obtida mediante seleção organizada e uso de método estatístico apropriado, objetivando representar a população total, possibilitando, com isto, a obtenção de uma ideia conclusiva não-tendenciosa sobre uma dada população a partir do exame da amostra selecionada. Dentre os métodos usados para selecionar a amostra destacam-se:

- *seleção aleatória:* as amostras são coletadas de forma totalmente "randômica". Este método, se aplicado de forma correta, possibilita a todos os indivíduos de uma determinada população chances iguais de serem selecionados. Em geral, a amostra aleatória pode ser obtida das seguintes formas:

  1. o auditor pode simplesmente numerar os documentos ou registros da população identificada e usar uma tabela de números aleatórios para determinar os registros ou documentos a serem examinados;

  2. o auditor pode tirar os registros ou documentos aleatoriamente;

- *lote:* a população a ser examinada é dividida em lotes e as amostras são selecionadas aleatoriamente dentro de cada um dos lotes. Este método tem como objetivo examinar determinados segmentos de uma dada população. Ele é geralmente usado quando o tamanho da população a ser examinada torna pouco viável a seleção aleatória da amostra (ex.: treinamento de novos empregados nos meses de janeiro e maio ou verificação dos manifestos de resíduos dos meses de março e setembro etc.).

Este método, assim como o que será apresentado em seguida, pode ignorar segmentos inteiros de um universo, levando com isto a resultados tendenciosos:

- *estratificada:* as amostras são coletadas em grupos de características comuns definidas (ex.: novos empregados, extintores de CO_2 etc.);

- *intervalo:* as amostras são selecionadas por intervalos. É importante conhecer o tamanho da população e o intervalo apropriado para evitar que as amostras sejam pequenas ou grandes e, consequentemente, pouco significativas ou de verificação exaustiva. Assim como na amostragem aleatória, todos os itens devem ter igual chance de ser escolhidos. Para selecionar a amostra apropriada, por intervalo, o auditor deve dividir a população total pelo tamanho de amostra desejado, e terá então o número de intervalos a partir dos quais as amostras serão selecionadas aleatoriamente, podendo ser usado para isto procedimento semelhante ao da amostragem aleatória. Notar que de cada intervalo será selecionado um item que fará parte da amostra. Assim, se esta ficar pequena ou grande demais, poderá ser feita nova divisão de intervalos.

Os métodos aqui apresentados podem interagir entre si.

4.1.3.4 *Avaliação das Evidências*

Os auditores devem avaliar criteriosamente as evidências obtidas a partir da atividade no local. Sua análise, aliada aos elementos que conduziram os auditores a identificá-las, confirma se elas podem ser incluídas no relatório da auditoria, isto é, se há "provas suficientes" para caracterizá-las como evidências. A avaliação deve prosseguir até que as evidências sejam confiáveis, ou não.

A avaliação deve ser executada concomitantemente com a etapa de coleta das evidências da auditoria, evitando que se tenha ao final da auditoria resultados indesejados, como a descoberta de que não houve evidências suficientes; e/ou que estas não estavam devidamente comprovadas; e/ou que algumas das evidências haviam sido mal-interpretadas, não resultando em real evidência; e/ou que algumas das evidências detectadas poderiam ter influência em uma não-conformidade não verificada tendo, como consequência, resultados incompletos para a auditoria; e/ou resultando na necessidade de permanência dos auditores por maior tempo do que o planejado para proceder à auditoria no local.

Também, é importante identificar se os itens relacionados no protocolo ou na lista de verificação estão sendo respondidos. Para que a auditoria tenha sua missão cumprida é necessário responder a todos os itens relacionados na documentação previamente preparada.

É recomendável que ao final do dia os auditores se reúnam para apresentar e discutir as evidências encontradas e as razões para caracterizá-las como tal, para que eventuais dúvidas possam ser sanadas ali mesmo ou no dia seguinte.

Em geral, esta atividade é realizada ao final do dia em duas reuniões:

- *Reunião da equipe de auditores:* cada auditor identifica se os itens do protocolo ou da lista de verificação a ele atribuídos estão sendo respondidos. Apresenta o sumário das evidências e observações obtidas naquele dia e os eventuais obstáculos e dificuldades encontrados durante a auditoria. Posteriormente, os membros da equipe, em conjunto, discutem e identificam se as evidências e observações obtidas naquele dia são objetivas e comprováveis, se os objetivos da auditoria estão sendo alcançados e se as questões levantadas na fase anterior estão sendo respondidas. Em seguida, a equipe prepara o sumário das evidências e observações a serem apresentadas, naquele mesmo dia, aos auditados e combina os procedimentos a serem seguidos pelos auditores no dia seguinte (é recomendável que após a reunião com os auditados, os auditores redefinam, se necessário, seus novos passos).
- *Reunião com o pessoal da unidade auditada:* esta reunião tem por objetivo apresentar as evidências e observações identificadas no dia pelos auditores e esclarecer pontos polêmicos ou divergentes. Nesta reunião, o grupo de auditados poderá esclarecer dúvidas suscitadas ou descaracterizar algumas não-conformidades incorretamente detectadas pelos auditores, devido a lacunas/incorreções de dados e informações a eles apresentados ou, ainda, prover as bases para as revisões mais detalhadas a serem executadas no dia seguinte. Se, por exemplo, o auditor observa que o tanque de despejo de resíduos perigosos apresenta data de primeira armazenagem superior a noventa dias, quando pelos procedimentos normais isto não deve ocorrer, ao apresentar esta não-conformidade ao auditado este pode mostrar-lhe que, excepcionalmente, há um pedido do órgão ambiental local para que isso ocorra até que um método de disposição mais satisfatório seja identificado. Evita-se, com isto, que o auditor no dia

seguinte verifique o registro dos demais tambores de resíduos perigosos e anote isto como não-conformidade.

As observações e evidências não devem ser relatadas pelos auditores, individualmente, no ato em que forem obtidas. Elas devem ser apresentadas por cada auditor na reunião da equipe, o que evita a influência dos auditados nos resultados; perda de tempo; ou "foco" com debate relativo à conveniência ou não de registrar a respectiva não-conformidade durante a execução da auditoria.

Um exemplo: identificação de resíduos tóxicos colocados em locais inadequados. Esta evidência de não-conformidade será relatada aos colegas auditores e apresentada pelo auditor líder aos auditados. Caso contrário, seu relato assim que identificado poderia ter gerado o seguinte diálogo e imediata providência: auditor – "Aqueles resíduos estão dispostos de modo inadequado"; resposta do auditado – "Nós sabemos, mas por algum motivo o fulano teve de deixar ali só por um instante" –, seguida da seguinte ordem – "Fulano, por que este resíduo está inadequadamente aqui? Tire-o e coloque-o no depósito". Este diálogo pode estar "mascarando" com uma correção momentânea a existência de uma não-conformidade usualmente praticada na empresa.

Apesar de recomendável, para maior eficácia da auditoria, nem sempre é possível realizar a reunião diária da equipe de auditores com os representantes da unidade auditada. Neste caso, o auditor líder deve procurar o funcionário da unidade destacado para acompanhá-lo e discutir os aspectos relevantes detectados durante o dia.

Observa-se que durante as reuniões parciais, tanto a do grupo de auditores quanto a conjunta com auditados, todos os argumentos deverão ser esgotados, garantindo desse modo que não haverá contestação do que deverá ser apresentado na reunião de encerramento. Basicamente, as reuniões parciais se destinam a esclarecer todos os pontos obscuros para auditores e auditados, evitando, com isto, mal-entendidos na reunião de encerramento ou nos relatórios apresentados pelos auditores.

4.1.3.5 *Apresentação dos Resultados*

Ao fim do trabalho de campo, a equipe de auditores apresenta aos auditados as evidências e observações detectadas durante a auditoria. Esta apresentação atende a dois objetivos:

- Assegurar que a empresa auditada conheça logo as evidências detectadas durante a auditoria.
- Permitir aos auditados sanar ou esclarecer eventuais desentendimentos por parte dos auditores e apresentar suas observações quanto às não-conformidades apresentadas.

Esta reunião deve ser:

- Amigável, na medida do possível. Para auxiliar a manutenção de clima agradável devem ser apresentadas as evidências de conformidades, além das de não-conformidades. É recomendável que a equipe de auditores esteja toda presente na reunião de apresentação dos resultados.

- Conduzida pelo auditor líder, que deve ter em mãos um relatório preliminar preparado em conjunto com os membros da equipe, onde haverá concordância de todos quanto aos laudos relativos às áreas funcionais auditadas. O relatório deve conter um sumário das evidências detectadas que serão acuradamente relatadas em tópicos.

Após a apresentação das evidências, o auditor líder apresenta eventuais dificuldades encontradas durante o processo da auditoria em campo e, se for o caso, requisita as informações solicitadas pelos auditores e ainda não obtidas. Em seguida, são apresentadas as recomendações mais imediatas, com ênfase nos itens que apresentem riscos, e definido o tempo necessário à elaboração do relatório final da auditoria. Observa-se que esta reunião é, em geral, acompanhada de debates, onde muitas vezes os auditados procuram justificar as não-conformidades detectadas e interferir para que não venham constar do relatório final. Assim, é importante que os auditores se mantenham atentos a todo o debate e justifiquem, de modo tranquilo, os resultados apresentados. Esta reunião encerra a atividade da auditoria no local, isto é, na unidade.

4.1.4 RELATÓRIO DE AUDITORIA AMBIENTAL

O relatório da auditoria ambiental registra, formalmente, o seu resultado. Ele é o documento onde a equipe de auditores apresenta as evidências de conformidades e de não-conformidades da empresa com os critérios da auditoria, constituindo se em instrumento de trabalho para os gestores das empresas e subsídio (se divulgado) ao conhecimento do estágio em que se encontra a empresa em relação a questões ambientais para órgãos ambientais, trabalhadores, acionistas, fornecedores, clientes, comunidade local, usuário dos recursos naturais e outros interessados.

Os auditores devem garantir que os resultados da auditoria ambiental sejam claramente comunicados no relatório, isto é, que todas as não-conformidades detectadas e fatos relevantes da empresa relacionados ao objeto de auditagem estejam adequadamente registrados e enviados aos clientes da auditoria.

O escopo do relatório deve ser coerente com o objetivo da auditoria. Não existe uma regra preestabelecida quanto ao conteúdo e à forma de apresentação de um relatório de auditoria, que serão influenciados pelo seu objetivo e destinatário final. Ressalte-se que, dependendo do objetivo da auditoria ambiental, o seu relatório será distribuído a pessoas ou organismos distintos – alta administração, acionistas, gerente ambiental corporativo, gerente da unidade auditada, cliente da empresa, órgão ambiental, público em geral –, que farão diferentes usos do mesmo. Consequentemente, é conveniente moldar a forma de apresentação do relatório de acordo com o objetivo e o destinatário, sem, entretanto, alterar o seu conteúdo básico.

Exemplificando: (i) uma auditoria de sistema de gestão ambiental (SGA) numa empresa deveria ter como produto final a elaboração de dois relatórios distintos: um primeiro, em formato executivo, onde seriam apresentadas, em linhas gerais, as não-conformidades, cuja análise venha a fornecer subsídios à alta direção da empresa no processo de revisão do SGA; e, um segundo, específico para cada unidade auditada e destinado aos seus gerentes, onde as não-conformidades são analisadas com maiores detalhes dando-lhes subsídios para proceder à correção; e (ii) se for pretensão da empresa publicar seu relatório de auditoria ambiental, devem ser elaborados dois relatórios: um para subsidiar os gestores da empresa e, um segundo, com a consolidação dos resultados mais importantes (como ocorre no relatório de auditoria contábil, onde apenas o balanço patrimonial da empresa é divulgado).

Mesmo não existindo uma orientação única para a elaboração de um relatório de auditoria ambiental, existem alguns itens imprescindíveis para que este possa atender a seu objetivo com eficácia. Serão apresentadas a seguir as características mais usuais e os itens que devem estar presentes num relatório segundo as Normas da Série ISO 14010 e ISO 14011 (diretrizes para a aplicação de auditoria ambiental e de auditoria de sistema de gestão ambiental, respectivamente).

4.1.4.1 *Conteúdo do Relatório*

O conteúdo do relatório dependerá do objetivo da auditoria ambiental, não obstante alguns elementos devem estar sempre presentes. Os itens do relatório são acordados entre o auditor líder e o cliente, assim como a relação dos destinatários. Observa-se que a auditoria resulta de um contrato entre a equipe de auditores e seu cliente, sendo, por isso, é importante que a equipe de auditores apresente um certificado de confidencialidade, indicando que os seus resultados só serão apresentados ao cliente e a quem este determinar. A Norma Série ISO 14010 apresenta o conteúdo de um relatório de auditoria ambiental:

- Identificação da unidade auditada e do cliente da auditoria, isto é, de quem solicitou a auditoria.
- Objetivos e escopo.
- Critérios utilizados.
- Data de condução da auditoria e período coberto pela auditoria.
- Identificação dos membros da equipe de auditores.
- Identificação dos membros da unidade auditada com participação mais efetiva na auditoria.
- Sumário do processo da auditoria, incluindo os obstáculos encontrados.
- Conclusões.
- Certificação de confidencialidade da auditoria.
- Lista de distribuição do relatório.

A Norma Série ISO 14011, relativa a Auditoria de Sistema de Gestão Ambiental, incorpora a essa lista a necessidade de inclusão da relação de documentos usados para definir os critérios da auditoria. Além disso, detalha o item referente às conclusões como se segue:

- Evidências de conformidade do sistema de gestão ambiental da unidade auditada com os critérios usados na auditoria.
- Indicação de que o SGA está apropriadamente implementado e mantido.

- Indicação de que o processo de revisão da gestão interna é capaz de assegurar a continuidade da adequação e da efetividade do SGA.

O relatório deverá conter todas as evidências objetivas encontradas durante a auditoria, que, por sua vez, devem ter sido apresentadas e discutidas com a equipe de auditados na reunião final da auditoria. As notas de trabalho, comprovando as evidências enumeradas no relatório, devem ficar sob a guarda de um membro da equipe da auditoria (em geral com o auditor líder) por um período de tempo, não inferior a três anos, para serem apresentadas se demandadas.

Atendendo ao objetivo de servir como instrumento de gestão ambiental, é interessante que o relatório de auditoria contenha também as principais evidências objetivas de conformidade com os critérios da auditoria. Estas poderão servir de subsídio a uma argumentação por parte do gestor, caso necessite requerer novos recursos para corrigir as não-conformidades detectadas.

4.1.4.2 *Formato do Relatório*

Independentemente do objetivo da auditoria ambiental e de seu destinatário final, existem algumas características básicas que devem estar presentes em qualquer relatório de auditoria ambiental para que este cumpra sua função: clareza, objetividade, precisão e concisão.

A equipe de auditores deve estabelecer um formato-padrão para as auditorias de uma determinada empresa, de modo que possa ser estabelecida comparação dos resultados de sucessivas auditorias realizadas, identificando-se, assim, a efetividade das medidas adotadas para corrigir as não-conformidades, bem como a evolução no trato das questões ambientais dado pela empresa auditada.

A redação do relatório deve considerar seu público-alvo, usando linguagem adequada a este. Em particular, deve-se evitar o uso de jargões técnicos.

As bases de uma não-conformidade podem não estar claras para o usuário do relatório, particularmente se este se destinar à alta direção da empresa, que não está diretamente envolvida com questões ambientais. Entretanto, é essencial, principalmente para o corpo de planejadores das empresas, entender as bases das não-conformidades identificadas, de maneira que estas devem ser relatadas juntamente com a citação do documento de referência à não-conformidade mencionada.

Exemplos:

- O teor de mercúrio no efluente geral da fábrica é de 0,02 mg/1Hg (Resolução CONAMA nº 20/86).
- Não foi apresentada documentação comprobatória do treinamento do operador da estação de tratamento de efluentes líquidos (Política de Meio Ambiente da Empresa).
- Não existe contenção para o tanque de óleo diesel do gerador de emergência ("Manual de Meio Ambiente da Empresa", Capítulo 4).

As não-conformidades devem ser claramente relatadas, evitando:

▶ Conclusões precipitadas:

Errado: Não foram realizados treinamentos dos novos transportadores de substância química nos meses de julho e agosto (Política de Meio Ambiente da Empresa).

Certo: Não foram apresentados registros referentes ao treinamento dos novos transportadores de substância química nos meses de julho e agosto (Política de Meio Ambiente da Empresa).

▶ Emitir opiniões de natureza jurídica:

Errado: Os efluentes da área de galvanização estão com alto teor de cobre, em flagrante violação à Resolução CONAMA nº 20/86 e à NT-202 da FEEMA.

Certo: Foram examinados os 60 últimos resultados de análise das diárias compostas dos efluentes da área de galvanização e observados 17 indicando teor de cobre entre 6 e 8 ppm (Resolução CONAMA nº 20/86 e NT-202 da FEEMA).

▶ Estimar consequências:

Errado: Apenas cinco pessoas da comunidade do entorno conhecem o plano de evacuação da unidade, o que pode ter consequências catastróficas (Política de Meio Ambiente da Empresa).

Certo: Apenas cinco pessoas da comunidade do entorno conhecem o plano de evacuação da unidade (Política de Meio Ambiente da Empresa).

▶ Generalizar:

Errado: O plano de contingência está inadequado.

Certo: Foram detectadas as seguintes falhas no plano de contingência:

- ➢ Falta de envolvimento das autoridades locais.
- ➢ Tipo e localização dos equipamentos de proteção ao fogo.
- ➢ Lista atualizada dos números de telefone para situações de emergência (Política de Meio Ambiente da empresa).

▶ Usar mensagens contraditórias:

Errado: Apesar da existência de um programa de gestão de resíduos, observa-se a falta dos seguintes elementos:

- ➢ Parâmetros para análise de resíduos perigosos.
- ➢ Análises frequentes destes.

Certo: O programa de gestão de resíduos perigosos não apresenta os seguintes elementos:

- ➢ Parâmetros para análise de resíduos perigosos.
- ➢ Frequência de análises.

- Focar a crítica em um indivíduo:

Errado:	João disse-nos que...
Certo:	Foi-nos dito que...
Errado:	José, Maria e Luiz do departamento de manutenção foram observados e...
Certo:	Dentre o pessoal do departamento de manutenção foi observado...

- Usar adjetivos ou locuções adjetivas, aumentativos e superlativos:

Errado: O controle de extintores é péssimo.

Certo: De um total de 120 extintores, foram examinados 50, escolhidos aleatoriamente, sendo observado que:

- 18 estavam descarregados;
- 6 têm o acesso dificultado por móveis.

Na introdução ou no item geral são identificadas a unidade auditada, o cliente da auditoria, a data de realização da auditoria, os membros da equipe de auditores, os membros da unidade auditada que tiveram efetiva participação na auditoria, os objetivos e o escopo da auditoria. Enfim, esta seção orienta o leitor a respeito dos aspectos administrativos da auditoria e de seus objetivos.

O sumário executivo apresenta em linhas gerais as evidências-chave detectadas durante a auditoria, procurando com isto orientar o gestor da empresa quanto aos aspectos ambientais mais significativos.

Na seção seguinte, são apresentados, em linhas gerais, os critérios utilizados, cujo detalhamento consta como anexo, e as evidências objetivas encontradas durante a auditoria. É recomendável que sejam incluídas, além das não-conformidades, as conformidades mais significativas, que deverão, elegantemente, ser apresentadas antes das não-conformidades.

A conclusão sumariza as principais evidências detectadas na auditoria.

Por fim, são apresentadas a certificação de confidencialidade quanto aos resultados ali apresentados e a lista das pessoas para quem o relatório está sendo enviado. Os anexos que se seguem correspondem ao detalhamento dos critérios usados ou de itens que possam ajudar para um melhor entendimento do relatório.

Na auditoria de gestão ambiental da empresa é interessante que o relatório também, contenha uma observação com os desvios significativos relativos a outras áreas identificados durante a auditoria, independentemente de estes estarem contidos em seu escopo, possibilitando com isto que importantes não-conformidades observadas pela equipe de auditores, relativas e à saúde e segurança do trabalhador, gestão da qualidade do processo produtivo, e, eventualmente, outras possam ser corrigidas, uma vez identificadas pela equipe de auditores ambientais. Observa-se que é crescente a integração das diversas áreas aqui citadas na gestão de uma empresa.

O Quadro 4.3 apresenta formatos, mais usuais, de apresentação de um relatório de auditoria ambiental.

Quadro 4.3. Formas Alternativas de Apresentar um Relatório de Auditoria Ambiental

Modelo I	Modelo II
INTRODUÇÃO Objetivo Escopo Data e local Participantes da auditoria (equipe de auditores e de auditados com maior envolvimento na auditoria) Sumário do processo da auditoria REQUISITOS LEGAIS CRITÉRIOS: Ar, Água, Resíduos etc. CONFORMIDADES: Ar, Água, Resíduos etc. NÃO-CONFORMIDADES: Ar, Água, Resíduos etc. POLÍTICA: *Idem* OBSERVAÇÕES GERAIS Itens preocupáveis CONCLUSÃO ANEXOS	INTRODUÇÃO Data e local Participantes Objetivo Escopo da auditoria Escopo do relatório Histórico da planta Sumário do processo da auditoria CONFORMIDADES LEGAL: Evidências Ar, Água, Resíduos etc. POLÍTICA: Evidências Ar, Água, Resíduos etc. NÃO-CONFORMIDADES LEGAL: Evidências Ar, Água, Resíduos etc. POLÍTICA: Evidências Ar, Água, Resíduos etc. CONCLUSÃO ANEXOS Critérios: ar, água, resíduos etc.

Quadro 4.3 (Continuação)

Modelo III	Modelo IV
SUMÁRIO EXECUTIVO GERAL Objetivo da auditoria Escopo da auditoria Data e local da auditoria Participantes da auditoria Sumário do processo da auditoria RESULTADOS CRITÉRIOS LEGAL: Ar, Água, Resíduos etc. OUTROS CRITÉRIOS: Ar, Água, Resíduos, Risco, Gestão etc. EVIDÊNCIAS CONFORMIDADE: Ar, Água, Resíduos, Risco, Gestão etc. NÃO-CONFORMIDADE: Ar, Água, Resíduos, Risco, Gestão etc. OBSERVAÇÕES CONCLUSÃO ANEXOS	SUMÁRIO EXECUTIVO GERAL Objetivo da auditoria Escopo da auditoria Data e local da auditoria Participantes da auditoria Sumário do processo da auditoria RESULTADOS CRITÉRIOS/EVIDÊNCIAS AR: Requisitos legais Política da companhia Desempenho do programa Maiores riscos ÁGUA: Requisitos legais Política da companhia Desempenho do programa Maiores riscos RESÍDUOS: Requisitos legais Política da companhia Desempenho do programa Maiores riscos OUTROS: Requisitos legais Política da companhia Desempenho do programa Maiores riscos CONCLUSÃO ANEXOS

4.2 ROTEIRO-SÍNTESE PARA A APLICAÇÃO DE AUDITORIAS AMBIENTAIS

O Quadro 4.4 apresenta o sumário das etapas de uma auditoria ambiental. Ele foi elaborado de forma a contemplar as etapas mais usuais da maioria das auditorias ambientais. Exceções como necessidade de adoção de medidas de emergências detectadas durante a prática da auditoria ambiental; dificuldades de relacionamento entre equipe de auditores e auditados; ou outros problemas surgidos durante sua execução podem implicar a alteração de algumas dessas etapas.

Quadro 4.4. Etapas de uma Auditoria Ambiental

Pré-Auditoria

- ▸ Planejamento da Auditoria
    - ➢ Definição do Objetivo
    - ➢ Definição do Escopo
        - Seleção da unidade.
        - Notificação à unidade, confirmando a data da auditoria.
    - ➢ Definição dos Critérios
    - ➢ Definição dos Recursos Necessários
    - ➢ Formação da Equipe de Auditores
        - Confirmação da disponibilidade.
- ▸ Preparação da Auditoria
    - ➢ Coleta de informações
        - Discussão do escopo;
        - Elaboração do questionário.
        - Revisão das respostas ao questionário.
    - ➢ Elaboração do plano de auditoria
        - identificação do(s) tópico(s) prioritário(s)
        - preparação do protocolo ou listas de verificação
        - alocação de recursos (humanos e materiais).

Aplicação da Auditoria no Local

- ▸ Apresentação
    - ➢ Reunião de abertura
- ▸ Compreensão da Unidade e de sua Gestão
    - ➢ Reunião de trabalho
    - ➢ Visita de reconhecimento (sempre acompanhada pelo auditado)
        - Verificação dos controles internos.
        - Entrevistas com responsáveis pela unidade.

Quadro 4.4 (Continuação)

- ➢ Visitas complementares (quando coletando evidências)
- ➢ Revisão do plano de auditoria
- ▶ Coleta de Evidências
  - ➢ Verificação de documentação
  - ➢ Observação e avaliação das práticas
  - ➢ Entrevista com pessoal da unidade
  - ➢ Teste dos sistemas e procedimentos
- ▶ Avaliação das Evidências
  - ➢ Sumário das evidências
  - ➢ Confirmação de existência de comprovação das evidências
  - ➢ Confirmação quanto à suficiência das evidências
  - ➢ Registro das evidências de conformidade, de não-conformidade e das observações
  - ➢ Reunião diária da equipe de auditores
  - ➢ Reunião diária com auditados
- ▶ Apresentação dos Resultados
  - ➢ Apresentação e discussão das conformidades e não-conformidades com os auditados em reunião de encerramento

Relatório de Auditoria Ambiental

- ▶ Preparação e distribuição de minuta do relatório
- ▶ Revisão da minuta do relatório
- ▶ Elaboração e distribuição do relatório final

4.3 PLANO DE AÇÃO

Uma auditoria ambiental pode levar ao desenvolvimento de um Plano de Ação por parte dos responsáveis pela unidade auditada, apesar de não pertencer a seu escopo (pode ser desenvolvida pela equipe de auditores, pela própria empresa ou por empresa contratada com tal objetivo).

Pode ser tomada como ponto de partida a relação das não-conformidades detectadas. Após a reunião de encerramento da auditoria, a equipe de auditores (se for o caso) prepara um quadro com as não-conformidades detectadas – o ideal é que estas sejam classificadas segundo sua significância – e o envia ao auditado para que este defina a prioridade que será adotada para corrigi-las, considerando os recursos envolvidos, o prazo e o responsável pela correção ou acompanhamento. Em seguida, este quadro retorna à equipe de auditores que o anexa ao relatório final. Este é o procedimento usual quando a auditoria ambiental está inserida em um programa ou sistema de gestão ambiental empresarial. Porém, não se deve incluí-lo, conceitualmente, no escopo de uma auditoria ambiental, pois a elaboração do Plano de Ação pode estar a cargo dos responsáveis pela unidade auditada, enquanto a auditoria ambiental, por definição, deve ser realizada por profissionais independentes da operação da unidade auditada.

O quadro a seguir apresenta os passos de um Plano de Ação:

Quadro 4.5. Plano de Ação

- Desenvolvimento de Plano de Ação
  - proposta de ações corretivas
  - definição dos responsáveis pela sua execução
  - definição dos recursos envolvidos
  - definição do prazo para sua execução
- Acompanhamento do Plano de Ação

Capítulo 5

Instrumentos para a Realização de Auditoria Ambiental

5.1 QUESTIONÁRIO DE PRÉ-AUDITORIA

O Questionário é um instrumento utilizado na etapa de pré-auditoria, para orientar quando da preparação da Auditoria Ambiental (ver Quadro 4.4). Tem por objetivo obter informações da unidade a ser auditada, fornecendo à equipe de auditores um conhecimento suficiente de seus processos de produção e de como são gerenciados os assuntos de saúde, segurança e proteção ambiental.

O instrumento contém uma relação de quesitos visando à obtenção de respostas que esclareçam os procedimentos, rotinas, registros e responsabilidades da empresa.

A coleta de informações deve começar bem antes da auditoria *in loco,* podendo se estender até próximo à sua realização. O importante é que a equipe de auditores identifique as informações desejadas e as reveja detalhadamente, tornando-se habilitada a desenvolver uma estratégia de ação com base na avaliação dos dados que lhe foi encaminhada.

O Questionário será utilizado como suporte à elaboração do Protocolo ou da Lista de Verificação *(check list),* instrumentos de aplicação da Auditoria Ambiental. Ele fortalece a elaboração destes instrumentos ao ajudar a identificar e entender os elementos-chave do gerenciamento ambiental da empresa, responsabilidades, deveres e outras práticas mas, mais do que isso, a identificar tópicos da auditoria que são aplicáveis àquela empresa.

A equipe de auditores pode solicitar cópia de todos os documentos que considera importantes para a formulação do Protocolo ou da Lista de Verificação. É recomendável que seja solicitada apenas aquela documentação absolutamente necessária à implementação da Auditoria Ambiental.

O Questionário detalha uma variedade de aspectos do sistema gerencial, incluindo *layout,* operação, manutenção, registros de controle e relatórios internos. O exemplo, a seguir apresentado, está estruturado para respostas tipo "SIM" indicativas da presença do controle daquele elemento; ou "NÃO" indicativo potencial de uma inadequação, ou, ainda, "NA", caso em que "não se aplica" aquele quesito àquela unidade, devendo, portanto, não ser considerado nos procedimentos da Auditoria Ambiental.

O modelo de Questionário proposto deve ser utilizado como um guia para orientar e conduzir uma Auditoria Ambiental em uma empresa. Deve ser adaptado a cada auditoria em particular, em função de seus objetivos, escopo, tipo da unidade industrial ou outras circunstâncias específicas.

5.1.1 MODELO DE QUESTIONÁRIO DE PRÉ-AUDITORIA

1 – Quais os responsáveis na empresa pelas funções a seguir relacionadas para responder a questões específicas no decorrer da Auditoria Ambiental?

FUNÇÕES	RESPONSÁVEL
Planejamento	
Produção	
Operação e Manutenção	
Comercial	
Administrativo	
Financeiro	
Meio Ambiente, Saúde e Segurança	

2 – Caso a empresa já tenha realizado Auditoria Ambiental quais os documentos básicos que estão disponíveis para consulta?

DOCUMENTOS BÁSICOS DE AUDITORIA AMBIENTAL	S	N
Questionário		
Protocolo		
Lista de Verificação *(check list)*		
Relatório de Auditoria Ambiental		
Plano de Ação		

3 – Quem é responsável pelo desenvolvimento, implementação e administração do programa de adequação às disposições governamentais (federal, estadual e municipal) para cada uma das áreas funcionais a seguir descritas:

ATIVIDADES	S	N	NA
Gerenciamento de Efluentes Líquidos			
Gerenciamento de Resíduos, incluindo:			
– PCB's			
Gerenciamento de Emissões Gasosas			
Gerenciamento de Materiais, incluindo:			
– Estocagem			
– Rejeitos Radioativos			
Prevenção e Controle de Emergência			
Higiene e Saúde Ocupacional			

	S	N	NA
4 – Há descrição das atividades, responsabilidades, autoridades e sistemas de avaliação de desempenho para cada uma das pessoas identificadas anteriormente?			
5 – Essas pessoas são responsáveis pela manutenção dos dados e informações com as regulamentações nessas áreas?			

6 – Existem na empresa alguma política específica, procedimento, métodos ou padrões pertinentes às atividades que se seguem?

ATIVIDADES	S	N	NA
Registro de manutenção?			
Contratação de serviços?			
Verificação da adequação ao estabelecido nas regras e regulamentos, políticas e procedimentos internos?			
Atualização dos manuais que estabelecem as rotinas internas?			
Planos de Contingência e Emergência?			
Segurança do Trabalho?			
Relatórios de acidentes ambientais como vazamentos, derramamentos?			
Testes, manutenção e inspeção de equipamentos de controle de poluição?			
Caracterização dos efluentes?			
Programas de monitoramento de efluentes (ar, água, resíduos)?			
Monitoramento da qualidade ambiental (ar, água, solo)?			
Coleta, preservação e análise das amostras ambientais?			
Estocagem, manuseio ou disposição de materiais biológicos, químicos ou radioativos?			
Relacionamento com a população?			
Minimização de resíduos?			
Inspeção das áreas de acumulação de resíduos perigosos?			
Seleção, tratamento, estocagem ou transporte de resíduos perigosos?			
Disposição de efluentes fora da empresa?			
Revisão das Licenças Ambientais (prazo, ampliação, modificação)?			
Realização de Auditoria Ambiental?			

7 – A empresa realiza monitoramento ambiental periódico?

MONITORAMENTO	S	N	NA
Emissões Atmosféricas?			
Efluentes Líquidos, incluindo:			
– Água potável?			
– Subterrânea?			
Resíduos?			
Ruído e Vibrações?			
Odores?			
Iluminação?			
Ventilação?			

8 – A empresa tem Plano de Contingência ou Emergência?

PLANO DE EMERGÊNCIA	S	N	NA
Inclui simulações periódicas?			
Responsabilidade da comunidade?			
Participação das autoridades locais?			

	S	N	NA
9 – A empresa realiza rotineiramente inspeções e revisões de sua operação para garantir adequação com as regras, regulamentos, políticas e procedimentos aplicáveis?			
10 – A equipe da área ambiental reúne-se com os representantes das unidades operacionais para discutir questões correntes?			

11 – A empresa mantém registro de documentos relativos às questões ambientais?

DOCUMENTAÇÃO	S	N	NA
Licenciamento?			
Correspondências para os órgãos ambientais?			
Planos de contingência/emergência?			
Inventário de resíduos?			
Manifesto de resíduos?			
Bolsa de resíduos?			
Relatórios anuais?			
Resultados de monitoramento?			
Inspeções?			
Documentos relativos a conformidades e não-conformidades?			
Relatórios de incidentes?			
Reclamações da comunidade?			
Planos aprovados ou anotações de violação?			
Legislação, normas e regulamentos aplicáveis?			
Auditorias Ambientais?			

	S	N	NA
12 – Há metas estabelecidas, cronogramas de adequação etc., para atendimento aos regulamentos exigidos?			

13 – Caso afirmativo, quem é o responsável por garantir a adequação às metas e cronogramas?

____

14 – Há algum treinamento de pessoal para as ações a seguir mencionadas?

TREINAMENTO	S	N	NA
Operação de sistemas de tratamento?			
Gerenciamento de resíduos perigosos?			
Atendimento e controle de derramamentos?			
Atendimento a emergências?			
Utilização e estocagem, manuseio e disposição de materiais perigosos, incluindo material biológico, tóxico, radioativo etc.?			
Transporte de material perigoso?			
Auditoria Ambiental interna?			

	S	N	NA
15 – Esses treinamentos são devidamente documentados?			

16 – Com que frequência ocorrem?

TREINAMENTO	FREQUÊNCIA
Operação de sistemas de tratamento	
Gerenciamento de resíduos perigosos	
Atendimento e controle de derramamentos	
Atendimento a emergências	
Utilização e estocagem, manuseio e disposição de materiais perigosos, incluindo material biológico, tóxico, radioativo etc.	
Transporte de material perigoso	
Auditoria Ambiental interna	

17 – Quem recebe esses treinamentos?

TREINAMENTO	EQUIPE
Operação de sistemas de tratamento	
Gerenciamento de resíduos perigosos	
Atendimento e controle de derramamentos	
Atendimento a emergências	
Utilização e estocagem, manuseio e disposição de materiais perigosos, etc.	
Transporte de material perigoso	
Auditoria Ambiental interna	

	S	N	NA
18 – Há alguma outra área/operação fora da empresa sob responsabilidade da direção?			

Deverá ser anexada a este Questionário uma cópia dos seguintes documentos:

1 Informações sobre as exigências governamentais e internas aplicáveis à empresa:

a) Licença Ambiental, incluindo todas as exigências específicas.

b) Legislação aplicável como padrões de efluentes, emissões, regulamentação sobre resíduos.

c) Políticas e procedimentos, manuais correntes, planos de emergência etc.

d) Planos de ação de auditorias ambientais/inspeções anteriores.

e) Relatórios ambientais selecionados ou outro documento redigido à alta gerência.

2 – Informações sobre o processo produtivo:

a) Fluxograma de processo.

b) *Layout* e diagramas ilustrando a localização das áreas operacionais e dos processos e sistemas de controle dos componentes ambientais.

c) Inventário de matérias-primas e produtos.

d) Organograma.

e) Relação dos tanques de armazenagem incluindo os subterrâneos.

5.2 PROTOCOLO DE AUDITORIA AMBIENTAL

O Protocolo de Auditoria Ambiental é um plano que o auditor deve seguir na aplicação da Auditoria Ambiental, no local, para atingir seus objetivos.

O Protocolo de Auditoria fornece à equipe de auditores, passo a passo, todos os procedimentos que devem ser seguidos para coletar evidências das práticas de gestão da empresa. A utilização do Protocolo de Auditoria é recomendada, em particular, a profissionais de pouca experiência e deve ser precedida de treinamento específico para sua aplicação.

O Protocolo fornece aos auditores um guia completo, entretanto ele não fornece todas as facilidades que a equipe pode necessitar para avaliar as situações de conformidade da empresa em relação à legislação e mesmo ao seu gerenciamento ambiental. Ele identifica tópicos e requisitos selecionados para uma determinada auditoria e provê orientação relativa a como a equipe de auditores pode acessar ou rever as especificidades relacionadas à auditoria em causa. Por esta razão, o Protocolo de Auditoria Ambiental não pretende ser um documento rígido, absoluto, que não permita desvios. Não é seu objetivo substituir o julgamento profissional por parte da equipe de auditores. É, pode-se dizer, uma ferramenta que possibilita a condução de uma auditoria de qualidade.

O Protocolo de Auditoria fornece as bases que auxiliam os membros da equipe de auditores, individualmente, a comparar o constatado com o planejado, servindo como um facilitador na tarefa de sumarizar e relatar as evidências. Neste sentido, um Protocolo de Auditoria bem delineado pode ser utilizado como treinamento de auditores inexperientes e otimizar a supervisão requerida por parte do líder da equipe.

A formatação e a organização do Protocolo de Auditoria possibilitam que a cada passo o auditor faça suas anotações simultaneamente, faça vinculação ao documento de referência e, mais especificamente, à página onde a constatação se baseia.

Um Protocolo de Auditoria Ambiental pode ser organizado seguindo o seguinte padrão:

1. Índice.
2. Informações Preliminares – documentação inicial coletada com o apoio do Questionário.
3. Anotações – registros do auditor relacionados às entrevistas e às observações feitas nas visitas às instalações da empresa e que acompanham todos os tópicos da verificação da Auditoria Ambiental.
4. Relação dos Tópicos – lista dos tópicos que serão auditados, detalhados.
5. Registro das evidências de conformidade, de não-conformidade e das observações.
6. Lista de Anexos – documentação colhida durante a Auditoria Ambiental e que, juntamente com as informações do Questionário, são peças fundamentais para a elaboração do relatório final de auditoria.

O exemplo de Protocolo de Auditoria Ambiental aqui apresentado está estruturado, de forma não exaustiva, considerando os seguintes tópicos:

1. Controle Gerencial.
2. Gerenciamento de Efluentes Líquidos.
3. Gerenciamentos de Resíduos:
   - PCB's.
4. Gerenciamento de Emissões Gasosas.
5. Gerenciamento de Materiais:
   - Estocagem – Tanques Submersos.
   - Material Radioativo.
6. Prevenção e Controle de Vazamento (inclusive Emergências).

Este modelo de Protocolo deve ser utilizado como um guia para orientar a condução da Auditoria Ambiental em uma dada empresa. Assim, deve ser adaptado a cada auditoria em função de seus objetivos, escopo, tipo da unidade industrial ou outras circunstâncias específicas.

5.2.1 MODELO DE PROTOCOLO DE AUDITORIA AMBIENTAL

1. CONTROLE GERENCIAL	Comentários do Auditor	Documento de Referência (pág.)
1. Política Ambiental		
• Verifique se a Política Ambiental da empresa abrange todas as áreas e operações do processo produtivo; matérias-primas utilizadas; fontes de emissão; gerenciamento de resíduos; licenciamento; uso e conservação de energia; questões relativas a investimento; expansão e encerramento de unidades; marketing; e relações públicas.		
• Verifique se, na prática, os objetivos da Política Ambiental da empresa orientam para a total conformidade com a legislação de proteção ambiental; incentiva a adoção de práticas que levem ao cumprimento da legislação; a melhorar a qualidade ambiental, à utilização sustentável dos recursos naturais; à redução de danos à saúde, segurança e meio ambiente; à redução dos impactos ambientais provenientes da geração, tratamento e de resíduos sólidos; e a garantir que fornecedores e clientes conheçam seus padrões ambientais.		
• Verifique a organização prevista na Política Ambiental da empresa quanto à participação e ao apoio da área gerencial; à existência de um coordenador responsável por garantir sua implementação e o monitoramento de sua efetividade; se há canais formais de comunicação entre coordenação e gerência superior; e se prevê mecanismos para lidar com conflitos entre os objetivos ambientais e demais objetivos da empresa.		

1. CONTROLE GERENCIAL (Continuação)	Comentários do Auditor	Documento de Referência (pág.)

- Verifique se a Política Ambiental da empresa considera seus fornecedores, clientes, a comunidade local e os grupos que os representam, grupos ambientalistas e agentes ambientais.
- Verifique se a Política Ambiental inclui detalhes referentes a sua implementação; se procura minimizar os impactos ambientais das atividades em toda a área de responsabilidade da empresa; e se há previsão de considerar suas implicações em todas as decisões relevantes da empresa.
- Verifique os critérios para revisão da Política Ambiental; se há procedimentos escritos orientando revisão e sua periodicidade; se as questões prementes da empresa foram levadas em consideração nessa revisão; e se foi comunicada aos empregados, fornecedores, clientes e comunidade.
- Verifique se é realista a estimativa anual de recursos para proteção ambiental; se é necessário fundo contingencial para atingir as metas previstas; e se há mecanismos adequados que o garantam.
- Verifique se há recursos humanos, físicos e previsão orçamentária que atendam às emergências; o monitoramento ambiental; o monitoramento das emissões/descargas; a melhoria do controle de emissões; o monitoramento da geração de resíduos e melhoria de destinação; a realização de auditoria ambiental; e pesquisas que auxiliem no controle dos impactos ambientais da empresa

2. Desempenho Ambiental

- Verifique a existência de metas e indicadores de desempenho ambiental compatível com a política ambiental da empresa; se os critérios de acompanhamento e avaliação estão sendo perseguidos; se há definição de responsabilidades; e se são divulgadas as metas, os prazos e resultados.
- Verifique se as metas ambientais incorporam requisitos legais; se os indicadores possibilitan monitorar o desempenho ambiental; se há previsão de recursos para implementar e monitorar; se há previsão de revisão face às pressões de mercado, do público e da política global que interferem nos negócios e produtos.

3. Estrutura Gerencial

- Verifique se a estrutura gerencial é compatível com a melhoria de desempenho; se as responsabilidades são claramente identificadas; e se há um sistema apropriado para avaliar e redirecionar as ações da empresa.
- Verifique se a gerência ambiental está operacionalizado conforme estabelecido; se está internalizado o sistema de controle e avaliação das metas de desempenho previstas; se o sistema de comunicação interno e externo favorece a transferência de informações e a incorporação de sugestões ou reivindicações.

1. CONTROLE GERENCIAL (Continuação)	Comentários do Auditor	Documento de Referência (pág.)

4. Gerenciamento de Pessoal e Treinamento

- Verifique se a alta gerência tem a proteção ambiental como prioridade; se todos têm real participação nas questões ambientais; se há incentivos ou recompensas para atingir as metas ambientais propostas; e se há sanções quando atos ou omissões comprometem os objetivos de controle ambiental.
- Verifique se as questões ambientais na relação com os empregados têm objetivos apropriados e definidos; se há equipe, recursos e procedimentos para atingi-los; se são revistos periodicamente; se há avaliação, atualização e discussão com os empregados na revisão.
- Verifique se todas as rotinas de trabalho associadas a riscos potenciais do ambiente estão identificadas; se há procedimentos escritos envolvendo-as; se são incorporadas as medidas para garantir a minimização dos seus impactos; se há procedimentos que garantam que serão seguidos; e critérios estabelecidos para identificar riscos de novas atividades antes de implementá-las.
- Verifique se todos os aspectos relevantes da proteção ambiental são considerados para efeito de treinamento; se há pessoal capacitado para implementá-lo; se participam todos os empregados envolvidos; se é integrado com outros tipos de treinamento; se é monitorado/avaliado; e se é considerado quando da seleção de profissional para realizar determinada tarefa.
- Verifique a eficácia dos programas de treinamento considerando tanto a equipe de gerência quanto os empregados; a observância à periodicidade prevista; e o respeito aos critérios de seleção estabelecidos.
- Verifique se há programa de qualidade total e ambiental na empresa; qual o nível de entendimento e acompanhamento das Séries ISO 14000 e 19011; os critérios de avaliação e a perspectiva de certificação da empresa.

5. Comunicação

- Verifique se há um departamento de relações públicas responsável por comunicar o desempenho ambiental da empresa ao público em geral.
- Verifique se os responsáveis pela proteção ambiental garantem os meios necessários a sua divulgação; se são preparados materiais educativos e publicitários; se o material é atualizado e se contém questões ambientais relevantes, inclusive questões estratégicas de promoção da empresa; e se existe clara identificação do público-alvo.
- Verifique se há procedimentos que garantam o atendimento dos objetivos da empresa com relação aos clientes; se há definição de responsabilidades pela implementação das ações prioritárias; se há clareza na divulgação das informações ambientais e das atividades desenvolvidas; e se há orientações de como lidar com as reclamações/reivindicações.

1. CONTROLE GERENCIAL (Continuação)	Comentários do Auditor	Documento de Referência (pág.)

- Verifique se são transparentes as políticas ambientais da empresa; suas metas; o desempenho alcançado; os impactos ambientais; os investimentos e recursos disponíveis para gerenciar as questões ambientais.
- Verifique se a empresa prevê consulta à comunidade quando de novos investimentos; se considera as reivindicações existentes; e se há procedimentos disponíveis para registrar e responder à comunidade.

6. Investimento

- Verifique se as questões ambientais e suas implicações são levadas em consideração nas discussões de investimento; se o desempenho ambiental do setor é no estabelecimento de prioridades; se a empresa patrocina pesquisas em processos ou produtos ambientalmente saudáveis; ou se investe em eventos ou programas ambientais.
- Verifique se a empresa tem controle total dos investimentos para gestão ambiental; se conhece o custo ambiental em cada uma de suas unidades de produção; se monitora custos de consumo de água e despejos de efluentes, de reaproveitamento e disposição de resíduos; e se procura identificar oportunidades de redução de custos com programas ambientais específicos.

7. Conformidade Legal

- Verifique se a empresa pode demonstrar conformidade com a legislação ambiental quanto ao licenciamento; validade da Licença Ambiental; alterações e atualização do Cadastro Industrial em decorrência de mudanças no processo produtivo.
- Verifique a adequação e a atualização da base legal; os procedimentos internos para atualização; a caracterização de responsabilidade pelo acompanhamento e divulgação da legislação pertinente; manutenção e arquivo dos documentos de referência.
- Verifique a existência da legislação básica pertinente à atividade; sistema de arquivamento; responsabilidade pela atualização; participação, divulgação e pesquisa das tendências legislativas; e avalie o conhecimento dos documentos relativos a sua área funcional junto aos gerentes e funcionários.

8. Fornecedores

- Verifique se a empresa considera o desempenho ambiental de fornecedores de produtos e serviços; se há critérios definidos de avaliação de seus desempenhos; e se oferece suporte financeiro, técnico ou assistência gerencial ou consultiva nas questões ambientais.

9. Seguro

- Verifique se a empresa possui sistema de avaliação de riscos ambientais compatível com os itens segurados; se o seguro considera os danos ambientais e as metas de adequação; se o desempenho ambiental tem sido relevante na definição do prêmio do seguro; e se a empresa tem realizado auditoria ambiental para avaliar os riscos associados com suas atividades.

1. CONTROLE GERENCIAL (Continuação)	Comentários do Auditor	Documento de Referência (pág.)

10. Fontes Diversas de Consumo de Energia

- Verifique se há inventário de todas as fontes de energia, a quantidade utilizada; se há inventário das perdas de energia por área; se há procedimentos adequados para realizar o inventário; e se há definição clara de responsabilidades e observância da frequência estabelecida para realizá-lo.
- Verifique se há procedimentos para monitorar a quantidade de energia utilizada; se há clara identificação de responsabilidade para investigar qualquer incremento; previsão de custos por área gerencial; e se há mecanismos que encorajem a redução do consumo energético junto aos gerentes e empregados.
- Verifique se há procedimentos para reduzir o consumo energético; se a política estabelecida pela empresa é clara e objetiva; se há procedimentos encorajando a utilização de novas tecnologias; e se há pesquisa para identificar alternativas de redução do consumo energético.
- Verifique se há clara identificação de responsabilidade para avaliar a eficiência energética dos equipamentos utilizados; se há procedimentos apropriados para garantir sua adequada manutenção ou máxima eficiência energética e para realizar substituição; e se a eficiência energética é levada em consideração quando da aquisição de novos equipamentos.
- Verifique, especificamente, se a empresa controla o consumo de papel; os custos envolvidos; se as implicações ambientais são consideradas na circulação interna de informações; se há incentivo à reciclagem; e se o retorno financeiro é contabilizado.
- Verifique se a empresa monitora o suprimento de água; se tem hidrômetros; se os custos são avaliados; se há política de redução de consumo com proposta de substituição ou modificação de equipamentos para otimizar o consumo; se o retorno financeiro é contabilizado.
- Verifique se há pesquisa no sentido do uso da reciclagem em substituição ao suprimento normal de água; se há programa de controle de perdas e dispositivo para reduzir prontamente o fluxo em caso de vazamentos; e se há clara definição de responsabilidade gerencial pelo controle interno do consumo de água.

11. Processos de Produção e Operação

- Verifique se as responsabilidades pela segurança do processo são definidas e documentadas; se são compreendidas e aceitas por todos os envolvidos; se as normas e os procedimentos de segurança do processo são elaborados em consonância com as exigências da empresa e as governamentais; se são revisados, atualizados e aprovados, periodicamente, com base em critérios estabelecidos; e se são eficazes em situações de emergência.

1. CONTROLE GERENCIAL (Continuação)	Comentários do Auditor	Documento de Referência (pág.)

- Verifique se as normas e os procedimentos de operação e manutenção estão documentados de forma clara e objetiva; se são compreendidos por todos os envolvidos; se definem parâmetros críticos de operação; se preveem periodicidade de calibração e critérios de testes dos instrumentos críticos; e se são eficazes para tomada de decisão em situações de emergência.
- Verifique se os programas de treinamento são planejados; se são executados conforme cronograma; e se são eficazes e suficientemente abrangentes, considerando todos os funcionários envolvidos.
- Verifique se as avaliações de risco estão dimensionadas com base em estudos específicos; se são entendidas pelos funcionários envolvidos; se há sinalização de segurança; e se os fluxogramas e procedimentos operacionais estão visíveis.
- Verifique se os processos de produção são desenhados e operados para minimizar os impactos ambientais; se a empresa utiliza a melhor tecnologia disponível para prevenir danos ao meio ambiente; se acompanha o desenvolvimento tecnológico; e se avalia as possibilidades de modernização com o uso de tecnologias limpas.

12. Transporte e Distribuição

- Verifique se há inventário de todos os transportes utilizados; se há procedimentos padronizados considerando tipo de combustível, expectativa de consumo, níveis de emissão, frequência de manutenção, fatores limites de vazamento e derramamento, e de descargas acidentais; as áreas de atuação; o uso de manifestos das substâncias transportadas; e definição de responsabilidade, inclusive, pela atualização das informações.
- Verifique se todos os tipos de transporte têm sua eficiência regularmente testada; se há procedimentos para realização de manutenção e disposição de resíduos gerados; se há controle das emissões de forma a garantir atendimento aos padrões governamentais; se o desempenho dos veículos é considerado na aquisição; se a inspeção veicular é realizada periodicamente; e se há pesquisa para uso racional de transporte.
- Verifique se todas as causas possíveis de vazamento, derramamentos e descargas e seus efeitos e consequências ao meio ambiente estão identificadas; e se há planos de emergência.
- Verifique se os motoristas/operadores são adequadamente formados e treinados quanto às operações corretas de abastecimento/carregamento, técnicas de minimização de emissões e conservação de energia; e se há em arquivo a qualificação e o treinamento de cada um.
- Verifique se os regulamentos internos são revistos com objetivo de reduzir consumo energético; as emissões; o risco de vazamentos, derramamentos e descargas; e se há incentivo a que os empregados minimizem os impactos ao meio ambiente decorrentes do transporte.

1. CONTROLE GERENCIAL (Continuação)	Comentários do Auditor	Documento de Referência (pág.)

13. Segurança do Trabalho

- Verifique como a empresa controla as áreas de trabalho e a distribuição de tarefas; se identifica trabalhos com potencial de risco; se há documentos de segurança para cada caso; se há mecanismos para relatar condições inadequadas de trabalho; e se há critérios para correção das práticas e das condições inadequadas.
- Verifique como a empresa gerencia o uso de equipamento de proteção individual, considerando as exigências legais; os tipos utilizados; a existência de documento que especifica o uso; se há controle e registro; e os programas de manutenção e inspeção.
- Verifique a documentação relativa à execução de trabalhos perigosos; os procedimentos adotados para avaliar a segurança das linhas energizadas, dos trabalhos elevados e em espaços confinados, dentre outros; e o sistema de sinalização de segurança.
- Verifique os treinamentos, considerando a documentação existente; sua eficiência; se há registro de reuniões, frequência e funcionamento da Comissão Interna de Prevenção de Acidentes.

14. Higiene e Saúde Ocupacional

- Verifique a adequabilidade ocupacional no que se refere à iluminação, ventilação, odores e ruído; os aspectos paisagísticos da empresa, inclusive recuperação de áreas contaminadas; existência de áreas de recreação; previsão de recursos para melhorias internas e externas; preocupação com a utilização de móveis e equipamentos ambientalmente recomendáveis; e se são considerados os impactos dos métodos de limpeza e a qualidade dos materiais utilizados.
- Verifique no sistema organizacional a existência de serviço especializado em Medicina do Trabalho; se há sistema de acompanhamento médico dos funcionários com exames admissionais, periódicos e demissionais; e programas de informação e prevenção de riscos ocupacionais; registro e comunicação de acidentes de trabalho e doenças ocupacionais.

2. GESTÃO DE EFLUENTES LÍQUIDOS	Comentários do Auditor	Documento de Referência (pág.)

1. Verifique nas informações disponíveis:

- *layout* da empresa, incluindo diagramas e projetos da rede de esgotamento, do sistema de drenagem de águas pluviais, tanques de contenção, caixas de óleo, bacias de acumulação;
- potencial de água utilizada em larga escala, inclusive diagramas do processo, onde necessário; e
- sistemas de controle de efluentes, como fossas sépticas, unidades de tratamento, controle *end-of-pipe,* injeção profunda, disposição no solo.

2. GESTÃO DE EFLUENTES LÍQUIDOS (Continuação)	Comentários do Auditor	Documento de Referência (pág.)

2. Verifique os documentos disponíveis, especificamente os que se referem às unidades operacionais, laboratórios, áreas de utilidades, embarque, recebimento e estocagem e identifique:

- possíveis pontos de conexão entre os sistemas de abastecimento e esgotamento e as respectivas áreas a que servem; e
- a rede de drenagem de águas pluviais, observando e identificando possíveis conexões com a rede de esgoto.

3. Verifique as informações disponíveis nas áreas externas da empresas para:

- determinar se as ligações, tanto da rede de esgoto quanto de águas pluviais, são compatíveis com a rede de distribuição local;
- identificar e acompanhar o traçado da rede externa, assegurando-se de que não há conexão com a rede de abastecimento; e
- rever, baseado nessa investigação, a rede e os diagramas e, cuidadosamente, indicar pontos vulneráveis de drenagem como as áreas de armazenagem ou bacias de acumulação, estocagem de resíduos, transferência de produtos químicos, estocagem de tambores ou vasilhames vazios.

4. Identifique e caracterize contaminantes que possam ir para a rede e sinalize os riscos dos mais e menos importantes quanto a toxicidade, inflamabilidade e outros:

- inventarie as descargas, desde a fonte até o final da linha, em termos de:
  - ➠ não inclusão de alguma descarga contaminada;
  - ➠ adequação do projetado com a especificação do equipamento ou unidade de controle e a expectativa de vazão e descarga; e
  - ➠ conveniência tecnológica.
- avalie os sistemas e equipamentos em termos de:
  - ➠ rotina e regularidade de manutenção; existência de programa de manutenção preventiva e itens considerados; cronograma de execução; e documentos indicativos da adequação do programa.
- avalie todos os pontos de descargas, com ou sem equipamento de controle, com risco de:
  - ➠ liberações não-controladas;
  - ➠ incompatibilidade com os sistemas de tratamento e que, quer individualmente ou em conjunto, possam causar precipitações, incrustações e problemas mecânicos como entupimento ou outro dano para a rede ou para o sistema; e
  - ➠ incompatibilidade, em termos de segurança e adequabilidade, onde as redes dos efluentes das diferentes unidades se combinam.

2. GESTÃO DE EFLUENTES LÍQUIDOS (Continuação)	Comentários do Auditor	Documento de Referência (pág.)

5. Verifique e analise o controle do sistema de esgotamento:

- diagramas do processo de descarga para garantir que os sistemas ou equipamentos operam conforme descrito; e
- desempenho da manutenção.

6. Verifique a adequabilidade dos efluentes líquidos à Licença Ambiental e aos padrões legalmente estabelecidos:

- avalie as licenças aprovadas e/ou seu controle na empresa:
  - integridade e precisão dos dados; pontos e equipamentos inventariados;
  - acompanhamento das restrições e adequada definição de responsabilidade pelo gerente apropriado;
  - modificação na empresa, resultando em incremento da taxa de descarga de efluentes; identificação e incorporação na revisão ou renovação da licença;
  - alteração na operação ou processo resultando em algum tipo de poluente não indicado na licença ou ainda não licenciado; e
  - validade das substâncias identificadas e presentes ou ausentes na descarga por ocasião da licença; e
- avalie o grau de adequação com o que está estipulado na Licença para o período previsto. Sinalize desvios:
  - nos registros de dados das vistorias, nos tipos de vistorias, nas ações corretivas ou minimizadoras, nas comunicações ao órgão ambiental etc. Verifique se todos os procedimentos registrados têm sido observados e, se não, liste as exceções e circunstâncias mitigadoras; e
  - nas correspondências internas relativas às restrições das licenças ou ações regulamentadoras, anote os pontos não resolvidos.

7. Verifique as responsabilidades pelas atividades de controle de poluição das águas, considerando operação dos sistemas, coleta, análise, manutenção de registros e relatórios.

8. Verifique se os procedimentos operacionais ou sistemas instalados são capazes de prover informações substantivas de conformidade com o requerido legalmente:

- inventarie todos os sistemas e equipamentos de controle e monitoramento de efluentes e seus procedimentos; e se algum efluente não é monitorado avalie o risco da não-conformidade;
- observe os procedimentos de coleta, analise o registro de dados. Avalie os programas de manutenção e calibração dos seguintes dispositivos:
  - coleta de amostras, inclusive compostas;
  - medição de vazão de efluentes;

2. GESTÃO DE EFLUENTES LÍQUIDOS (Continuação)	Comentários do Auditor	Documento de Referência (pág.)

- monitoramento *in loco* e aparelhos utilizados; e
- equipamentos de controle;

- anote qualquer possibilidade de checagem cruzada ou verificação por um sistema independente de análise, assim como outros procedimentos de controle de qualidade; e
- verifique se a localização dos pontos de coleta resulta em amostragens representativas e se a frequência de monitoramento está de acordo com o estabelecido na Licença Ambiental e/ou nos programas de autocontrole dos órgãos ambientais;
- analise os dados reportados nos programas de autocontrole, o preenchimento, as justificativas dos dados inadequados e responsabilidade pelas informações prestadas.

9. Verifique os registros de monitoramento quanto à inclusão de todas as informações requeridas:

- dados, locais exatos e horas de coleta;
- métodos de coleta; e
- métodos de análise utilizados e resultados.

10. Verifique os procedimentos analíticos usados para coleta e análise; a conformidade com os procedimentos legais, com as regulamentações e práticas estabelecidas ou com o processo de credenciamento de laboratórios realizado pelo órgão ambiental; a adequação dos frascos de coleta, técnicas de preservação, tempo de realização das análises; e se os procedimentos de controle de qualidade são utilizados.

11. Verifique os planos e programas de adequação com os requisitos regulatórios publicados e confirme se os dados de conformidade são consistentes com o requerido.

12. Verifique os documentos pertinentes e entreviste pessoas da empresa para obter um entendimento do sistema de gestão de efluentes líquidos. Considere a adequação do programa, dos procedimentos; responsabilidades e sistema gerencial:

- avalie o plano de gestão; os programas anuais, que devem ter previsão orçamentária; se as regras e responsabilidades para com a adequação estão sendo assimiladas; os programas anteriores; e se as avaliações de desempenho têm ocorrido;
- verifique os sistemas de arquivamento implementados para o controle de coletas, análises e relatórios de dados, resultados analíticos, diários de anotações, sumários de eventos e incidentes, registros de inspeções, a periodicidade de acompanhamento e:
  - determine se o monitoramento dos parâmetros em registro automático e seu arquivamento garantem controlar o risco de inadequação; e

2. GESTÃO DE EFLUENTES LÍQUIDOS (Continuação)	Comentários do Auditor	Documento de Referência (pág.)

➠ analise o registro dos procedimentos dessas operações para garantir apropriado controle de documentos.

- verifique, em termos de arquivamento, os programas de monitoramento e avaliação de dados, considerando:

  ➠ se os monitoramentos e controles de dados são revistos com frequência suficiente para identificar desvios, especialmente aqueles impactantes para a adequação; e

  ➠ a estratégia ou a sistemática que o responsável segue para identificar e registrar:

    i. indicações imediatas de adequação;

    ii. situações envolvendo aumento de incidentes e/ou qualidade do efluente que pode apresentar risco de não-adequação;

    iii. desempenho trimestral, semestral ou anual do monitoramento; e

    iv. avaliação das metas.

- avalie o programa de melhoria de desempenho em consequência de investimentos de capital, revisão dos procedimentos, avaliação de adequação e das oportunidades de implementação.

13. Verifique, baseado nas responsabilidades identificadas previamente, as práticas e os procedimentos aceitáveis relativos às descargas de efluentes líquidos na rede, considerando:

- aplicação das práticas recomendadas em visita às instalações durante o período da auditoria;
- risco substancial não coberto pelos procedimentos operacionais, baseado no inventário das descargas de efluentes (item 4);
- deficiências nos procedimentos que possam ser corrigidas ou alteradas, baseado na revisão objetiva desses procedimentos;
- responsável pelo controle, monitoramento e processamento dos procedimentos da empresa; localização dos manuais e quem os controla e/ou os utiliza; e
- se a adesão aos procedimentos é monitorada; como são registrados os desvios ou incidentes; quem os recebe; como é realizado o acompanhamento; e como é definida a responsabilidade pela ação corretiva.

14. Verifique, junto aos empregados envolvidos e documentos disponíveis, a operação e a manutenção dos planos e programas de controle relativos às descargas de efluentes, considerando:

- planos e programas anuais de treinamento; melhoria de desempenho operacional; capacitação dos operadores; deficiências e custos dos programas; e alocação de recursos. Assegure-se de que regras e responsabilidades estejam definidas e entendidas junto à linha gerencial; avalie a operação e manutenção dos equipamentos considerando os programas de treinamento e procedimentos; e sua efetividade;

2. GESTÃO DE EFLUENTES LÍQUIDOS (Continuação)	Comentários do Auditor	Documento de Referência (pág.)

- documentação, ordens de serviço, memorandos, anotações diárias e registros de inspeção; arquivamento dos programas implementados na operação e manutenção dos sistemas de controle; registros e documentos de inspeção para anotação dos impactos ambientais; e periodicidade de acompanhamento e controle dos desvios;
- sistema de acompanhamento dos programas de monitoramento; avaliação de dados e arquivamento; e de como a informação é usada para promover a melhoria dos programas de desempenho do sistema de efluentes líquidos da empresa nas operações de manutenção, em separado das operações regulares; e
- programas de melhoria de desempenho; mudanças tanto em termos de disponibilização de capital como de revisão de procedimentos, adequação e oportunidade de implementação.

15. Verifique, com base nas informações coletadas e junto à equipe apropriada, incluindo pessoal do laboratório, as questões do tratamento de efluentes líquidos, testando conhecimento dos procedimentos e obrigações específicas na operação e manutenção.

3. GESTÃO DE RESÍDUOS	Comentários do Auditor	Documento de Referência (pág.)

1. Verifique, usando as informações disponíveis:

- *layout* da empresa em termos de geração e estocagem de resíduos sólidos perigosos, inertes e não-inertes. Identifique as áreas de estocagem, equipamentos de processamento e áreas de disposição; e
- o potencial de resíduos gerados, incluindo as operações relativas a experimentos e pesquisas; e se ocorreram mudanças no fluxo de geração de resíduos.

2. Verifique os documentos disponíveis, especificamente os que se referem às unidades operacionais, laboratórios, áreas de utilidade, embarque, recebimento e estocagem de resíduos; os procedimentos de limpeza e as evidências de vazamento como descoloração visual, manchas, especialmente:

- nas áreas de coleta, manuseio e estocagem;
- nos sistemas de tratamento da empresa;
- nos locais ativos e/ou inativos de disposição de resíduos;
- nas áreas sinalizadas, sistemas de proteção e rotulagem.

3. Verifique todo o inventário de resíduos, anotando os pontos onde são gerados, inclusive áreas de utilidade. Certifique-se de que as atividades fora de rotina, os sistemas de manutenção e atendimento de emergências ou vazamentos estejam cobertos na avaliação. Considere:

3. GESTÃO DE RESÍDUOS (Continuação)	Comentários do Auditor	Documento de Referência (pág.)

- caracterização dos resíduos em termos de concentração, periculosidade e, especialmente, requisitos para manuseio e disposição; efeitos sobre a saúde, inflamabilidade, corrosividade, compatibilidade e reatividade; e avalie os riscos, classificando-os como:

  i) químico

  ii) físico

  iii) biológico

  iv) radioativo

  v) nuclear

  vi) infeccioso

  vii) reativo

  viii) altamente tóxico

- que as atividades regulares da empresa podem alterar em decorrência de emergência de alguma operação unitária, experimentos ou análises de laboratório;
- possibilidade de alterações químicas dos resíduos em função de incompatibilidade no manuseio ou estocagem; e o impacto sobre o fluxo de resíduos, em termos de volume e concentração, mudanças sazonais e alterações ocorridas por setor; e documentada onde for apropriado.

4. Verifique o fluxo de resíduos, desde o ponto de geração até a destinação final, e considere:

- ➠ adequabilidade das políticas de gestão estabelecidas para minimização de resíduos;
- ➠ grau de conhecimento das atividades de coleta, manuseio, tratamento e disposição de resíduos;
- ➠ conveniência e segurança dos sistemas de contenção e disposição dos resíduos; e
- ➠ qualidade do manuseio, incluindo o transporte da origem ao local de estocagem.

- sistemas de contenção; sinalização dos sistemas de prevenção de vazamento; liberação de vapores ou odores; e disposição de tambores ou vasilhames em área ventilada, coberta e segura, e longe de área trafegável;
- sistema de rotulagem de resíduos em toda a etapa intermediária, ou seja, nos sistemas de armazenagem, geração e coleta; se a informação é adequada para garantir segurança no manuseio e transporte. Verifique se há indicação na rotulagem de autorizações ou proibições de armazenamento;

3. GESTÃO DE RESÍDUOS (Continuação)	Comentários do Auditor	Documento de Referência (pág.)

- adequação dos procedimentos seguidos para tratamento, especialmente de resíduos perigosos, como neutralização, destoxificação;
- procedimentos ou equipamentos utilizados para o enchimento dos *containers;* identificação, responsabilidade pela coleta e transferência para a central de estocagem e armazenamento; mecanismos de transporte, procedimentos de segurança, anotações e documentos utilizados;
- fluxo de resíduos não associado com as operações da unidade operacional (seguir o mesmo princípio indicado anteriormente, até a disposição final); e
- procedimentos e fluxos de disposição de resíduos comparando-os com o inventário de desempenho do item 3.

5. Verifique o local da central de estocagem, tanto interna como externamente ao prédio da empresa. Especificamente:

- avalie o *layout,* contenções e condições especiais para assegurar adequação de armazenagem e atendimento aos padrões legais. Verifique se os *containers* estão em boas condições, seguros e compatíveis com os resíduos em termos de tamanho, material de fabricação e métodos de operação;
- reveja o inventário de controle dos procedimentos e verifique desacordos entre os registros do inventário e os resíduos estocados. Verifique os rótulos dos resíduos estocados; e
- documente o tempo decorrido no fluxo de registros dos resíduos a partir do recebimento no local de estocagem até a remoção. Se a estocagem for superior a 90 dias, faça uma avaliação apropriada do desempenho.

6. Verifique os resíduos armazenados *off-site.* Considere:

- nomes e endereços de todos os locais de disposição;
- procedimentos da empresa para selecionar e escolher os contratos de disposição de resíduos;
- documentação do contratante; o número de transportes utilizados para realizar a disposição; sua adequação e uso de sinalização; e o cadastro ou licenciamento junto ao órgão ambiental;
- se há Licença Ambiental para cada local de disposição; e se a Licença corresponde a cada tipo específico de resíduo;
- documento de movimentação de resíduos para inspeção, ou seja, o Manifesto de Resíduos, e se todas as seções do formulário têm sido preenchidas adequadamente;
- se a equipe envolvida utiliza procedimentos apropriados; se há claro entendimento do sistema; e se as pessoas que o assinam estão autorizadas a fazê-lo; e

3. GESTÃO DE RESÍDUOS (Continuação)	Comentários do Auditor	Documento de Referência (pág.)

- se há orientação na empresa para visitar ou inspecionar os locais de disposição *off-site*.

7. Verifique o gerenciamento de resíduos não perigosos, entreviste os responsáveis na empresa e reveja os documentos disponíveis para entender como funciona. Considere:

- ➠ coleta, transporte e disposição;
- ➠ procedimentos para sua classificação;
- ➠ inventário, análises, reciclagem e registros de disposição;
- ➠ autorização de coleta, registro ou licença;
- ➠ rotulagem, estocagem, coleta e transporte; e
- ➠ ações e atividades de disposição.

8. Verifique a sistemática de avaliação de riscos seguindo os resíduos desde seu armazenamento inicial, coleta, estocagem e disposição final, incluindo quesitos de saúde e segurança, fogo e explosão, ocorrência de emergência, acidentes e vazamentos. Considere:

- potencial de ocorrência de danos em termos de impacto ao meio ambiente ou à saúde do público ou dos empregados; o fluxo de uma unidade a outra, verificando a possibilidade de combinações incompatíveis; situações impactantes ou operações que gerem insegurança;
- possibilidade de impactos externos ou acidentes como estocagem em áreas de tráfego; estocagem de inflamáveis em áreas ensolaradas; possibilidade de combustão; e
- se a interação humana pode causar algum tipo de reação ou liberação em função de erros ou acidentes por negligência, imperícia ou imprudência.

9. Verifique os riscos associados à saúde e à segurança do fluxo dos resíduos inspecionando os equipamentos de proteção disponíveis; se são apropriados e completos para o trabalho; e se estão disponíveis e com manutenção.

10. Verifique se há sistemas de controle de resíduos no processo produtivo, como derramamentos e vazamentos de equipamentos. Considere:

- diagrama de fluxo do processo para garantir que todos os sistemas e equipamentos utilizados estão descritos;
- controle de engenharia em termos de:
  - ➠ sustentabilidade tecnológica para lidar com resíduos existentes, inclusive avaliando a possibilidade ou não de descarga contaminada; e

3. GESTÃO DE RESÍDUOS (Continuação)	Comentários do Auditor	Documento de Referência (pág.)

- capacidade projetada considerando o número de equipamentos e o volume processado, considerando o projeto das unidades de produção, manutenção ou suprimento;

- manutenção dos sistemas e equipamentos em termos de:
  - regularidade e rotina; atualização dos registros; programa de manutenção preventiva; cronograma de execução; relação dos sistemas e equipamentos verificados; e documentos indicativos de sua adequação; e
  - frequência associada com a especificidade do equipamento ou com sua vida útil ou período em operação; e a importância do sistema ou equipamento para avaliação e/ou eficiência da unidade.

11. Verifique as práticas passadas de disposição de resíduos ou seu passivo ambiental; reveja documentos disponíveis para garantir o entendimento dos procedimentos adotados; localize as áreas em potencial; e avalie a contaminação do solo e do subsolo.

12. Verifique a licença ou os padrões e regulamentos de conformidade disponíveis. Considere:

- no caso de geração de resíduos perigosos:
  - formulários de registros e documentos aprovados, atualização do inventário de resíduos; e
  - necessidade de outros registros, a partir da avaliação do inventário;
- no caso de manipulação, estocagem ou disposição de resíduos perigosos no local:
  - licença do órgão competente;
  - adequação das instalações; e
  - atendimento aos requisitos necessários caso a empresa receba resíduos de outras empresas para tratamento e disposição;
- grau de adequação com a licença e os regulamentos:
  - registros de dados para o período em questão; as visitas de inspeção; tipos de inspeção; ações corretivas; adequação; registros de procedimentos; comunicados ao órgão regulamentador;
  - correspondências internas relativas às questões de adequação ou ações regulamentadoras, especialmente as questões não resolvidas; e
  - pendências, a partir de requisições, notificações, ordens de adequação e exigências administrativas.

13. Verifique fluxograma ou documentação pertinente avaliando as responsabilidades pelas atividades de gerenciamento de resíduos.

3. GESTÃO DE RESÍDUOS (Continuação)	Comentários do Auditor	Documento de Referência (pág.)

14. Verifique se os procedimentos operacionais ou sistemas instalados são capazes de prover informações substanciais de adequação; e se mudanças práticas podem reduzir o risco de não-adequação.

15. Verifique o entendimento ao sistema gerencial estabelecido entrevistando empregados da empresa; reveja os documentos disponíveis e fluxogramas de processo, procedimentos e responsabilidades; e se a unidade dispõe de um plano de gestão de resíduos. Considere:

- adequação do plano quanto a objetivos, metas e produtos anuais; previsão orçamentária; definição de regras e responsabilidades junto à linha gerencial; e processos de avaliação disponíveis;
- documentação, arquivamento e procedimentos de registro disponíveis na unidade responsável pelo manuseio, estocagem e disposição; a integridade desses documentos; prazos e periodicidade de acompanhamento; registros e notas de desvios, incluindo resultados de análises, registros de conformidade, anotações sumárias de eventos ou acidentes e inspeções. Considere:
  - adequação do programa de monitoramento; dos indicadores e arquivos para evitar nao-conformidade; e
  - adequação do controle de documentação quanto a registro dos procedimentos operacionais;
- registro dos programas para monitorar e avaliar as características, volumes e movimentos dos resíduos:
  - investigue quem monitora e revê os dados; se a revisão é frequente o suficiente para detectar desvios, especialmente aqueles que possam comprometer a conformidade legal; e
  - avalie as estratégias seguidas para identificar e registrar os relatórios gerenciais internos e externos para:

    i. vistoria geral;

    ii. verificação das situações envolvendo aumento de incidentes que possam apresentar risco de não-adequação em futuro próximo; e

    iii. confirmação da periodicidade trimestral, semestral ou anual de avaliação dos resultados e desempenho do monitoramento;
- programas de melhoria de desempenho tanto das mudanças de procedimentos quanto da alocação de recursos e avalie a adequação e o cronograma de implementação.

16. Verifique a política, procedimentos e práticas aceitáveis para o gerenciamento de resíduos baseado nas responsabilidades identificadas previamente. As práticas podem incluir, mas não se restringem a:

3. GESTÃO DE RESÍDUOS (Continuação)	Comentários do Auditor	Documento de Referência (pág.)

- práticas proibidas;
- práticas aceitáveis ou não para disposição; e
- práticas operacionais seguras e que protejam a saúde e segurança contra perigos e danos;

- vistorie a unidade para observar a aplicação dessas práticas durante o período da auditoria, identificando desvios;
- identifique se há deficiências que possam ser corrigidas, modificadas ou eliminadas, com base no objeto de revisão desses procedimentos;
- identifique o responsável pelo desenvolvimento, monitoramento e atualização dos procedimentos ou manuais; localização; controle e/ou utilização; e
- identifique o monitoramento e o controle dos procedimentos, desvios ou registros de incidentes; o acompanhamento de desvios ou incidentes, a partir dos dados de rotina ou memorandos, anotações diárias para determinar responsáveis.

17. Verifique os aspectos do controle operacional e de manutenção da unidade e suas correlações com o sistema gerencial, em entrevistas e avaliação dos documentos disponíveis, considerando:

- plano gerencial e objetivos anuais de treinamento; melhoria do desempenho operacional; desempenho dos operadores; eficiência; custos dos produtos; capital disponível para o programa; regras e responsabilidades definidas e conhecidas;
- documentação e sistema de arquivamento implementado para controle das atividades de operação e manutenção; ordens expressas, memorandos, anotações diárias, registro de inspeção; procedimentos registrados; documentos com anotações dos impactos ambientais; e frequência de acompanhamento;
- programas de acompanhamento do monitoramento e avaliação de dados; utilização de informação para melhorar o desempenho da gestão de resíduos na empresa; as operações de manutenção em separado das operações normais da unidade; e
- programas estabelecidos para melhoria de desempenho, como recursos alocados; mudança de procedimentos; adequação; e cronograma de implementação.

18. Verifique programas de treinamento relativos aos aspectos de adequabilidade da gestão; operação de resíduos; unidades de tratamento e/ou programas ou práticas específicas de tratamento; cronogramas; procedimentos; responsabilidades e sistema gerencial.

19. Verifique, com base nas informações obtidas, o conhecimento sobre os procedimentos de gestão de resíduos.

3. GESTÃO DE RESÍDUOS (Continuação)	Comentários do Auditor	Documento de Referência (pág.)

20. Verifique a existência de práticas passadas; passivo ambiental; uso histórico do solo que possa ter causado impacto na empresa; disposição ou estocagem de resíduos; grandes vazamentos; operações de descomissionamento; falhas nos tanques que possam ter afetado, a longo prazo, a integridade do subsolo, considerando:

- situação que requeira monitoramento, avaliação ou recuperação a partir da revisão de documentos, observações e entrevistas.

21. Verifique o conhecimento ou não de práticas passadas que possam ter causado impacto no local, a partir da identificação de programas ambientais de recuperação. Considere:

- adequação do sistema de documentação; e
- procedimentos e responsabilidades relativas ao meio ambiente e concernentes a práticas passadas.

3.1. PCB's	Comentários do Auditor	Documento de Referência (pág.)

22. Verifique se a empresa tem estocagem de PCB's ou PCB contaminado de transformadores, capacitadores, sistemas hidráulicos, eletromagnetos ou amostras no laboratório; se testes analíticos têm sido realizados; o sistema de classificação; e se há alguma atividade não identificada nesse processo.

23. Se existem PCB's na empresa, faça entrevistas e revisão documental para garantir pleno conhecimento da gestão do programa, procedimentos e responsabilidades pelas atividades. Considere:

- revisão do plano de ação para identificar PCB's e garantir remoção, estocagem e disposição de acordo com a legislação vigente;
- programas de monitoramento e arquivo de dados, avaliando se ocorre um controle adequado dos relatórios; e
- procedimentos de manuseio dos materiais contaminados com PCB's, incluindo procedimentos de coleta de amostras e análises laboratoriais.

24. Verifique a estratégia de gerenciamento de equipamentos contendo PCB ainda em operação, incluindo planos de descomissionamento e remoção; orçamento para reposição do equipamento e registros. Considere:

- inspeções e programas de monitoramento do equipamento;
- plano de contingência para PCB ou os procedimentos estabelecidos; teste dos procedimentos e relatos de inspeção; e
- segurança do sistema; viabilidade e manutenção dos equipamentos de proteção individual.

3.1. PCB's (Continuação)	Comentários do Auditor	Documento de Referência (pág.)

25. Verifique a estocagem de PCB na empresa; a adequação à legislação em vigor em termos de armazenamento, inspeção, segurança, monitoramento e sinalização. Considere:

- anotações da área de estocagem; entradas do produto; comentários e irregularidades; e inventário atualizado;
- condições da berma, vedação, equipamentos, vazamentos; e
- riscos externos com a estocagem.

4. GESTÃO DE EMISSÕES GASOSAS	Comentários do Auditor	Documento de Referência (pág.)

1. Verifique, usando os dados disponíveis na empresa:

- fontes de poluição do ar, considerando o *layout* da empresa, sistema de ventilação, projetos ou diagramas;
- potencial de emissões geradas, diagramas e descrições de fluxo do processo; e
- controles significativos de ar existentes nas unidades da empresa.

2. Verifique, tanto interna quanto externamente, as unidades de produção, laboratório, áreas de utilidade, embarque, recebimento e estocagem. Considere:

- diagrama do sistema de ventilação para verificar *layout* dos equipamentos, dutos e chaminés; o fluxo de fumaça e sua direção;
- ligações das instalações prediais com o sistema de ventilação para induzir o ar;
- orifícios de entrada e pontos de descarga; possíveis curtos-circuitos, odores, vazamentos, dutos deteriorados ou suas condições, descolorações, transporte de líquido;
- impacto na vizinhança de odores, poeiras e barulho, avaliando receptores e locais de emissões.

3. Verifique os pontos potenciais de descarga de ar, incluindo bancadas, gás comprimido, equipamentos, sistemas de ventilação e refrigeração, caldeiras e área de utilidades; sistemas contínuos e em batelada; e eventos não rotineiros ou emergenciais:

- identifique e caracterize os contaminantes emitidos ou potenciais; concentrações e diluições; odores; toxicidade; questões de segurança, como inflamabilidade; e riscos;
- inventarie os controles para cada ponto de descarga, considerando:
  - ➠ sustentabilidade tecnológica para controle dos contaminantes previstos e/ou descargas não esperadas, como vazamentos, liberações acidentais; e

4. GESTÃO DE EMISSÕES GASOSAS (Continuação)	Comentários do Auditor	Documento de Referência (pág.)

- ➠ capacidade do sistema projetado; vazão; carga de contaminantes, incluindo fluxos diários e imprevistos;

- avalie a manutenção do sistema, considerando:
  - ➠ regularidade e rotina; registros disponíveis; programa preventivo; cronograma; relação dos sistemas verificados e documentos indicativos de sua adequação; e
  - ➠ freqüência associada com a especificidade do equipamento ou sistema, ou com o período de tempo que está instalado e operando; e sua importância na avaliação e/ou eficiência da unidade;
- avalie toda descarga, com ou sem equipamento de controle, considerando:
  - ➠ liberações não-controladas; e
  - ➠ danos pela incompatibilidade com o sistema de ventilação relacionados à segurança, como corrosão, inflamabilidade.

4. Verifique existência de sistema de controle de poluição do ar e uma revisão e análise detalhada. Considere:

- diagrama de fluxo do processo para garantir que o sistema ou equipamento opera como prescrito; e
- desempenho de engenharia e manutenção, conforme item 3.

5. Verifique a adequação à Licença Ambiental ou aos padrões e regulamentos existentes. Considere:

- Licença Ambiental e sua aplicação na empresa:
  - ➠ precisão e integridade dos dados;
  - ➠ observância às restrições e/ou exigências pela gerência responsável;
  - ➠ alterações internas com aumento da taxa de emissão caracterizando necessidade de revisão dos termos da licença;
  - ➠ mudança operacional com consequente mudança do tipo de poluentes e das condições do licenciamento; e
  - ➠ validade da relação das substâncias presentes (ou ausentes) na descarga por ocasião do licenciamento;
- grau de adequação com a Licença Ambiental, padrões e regulamentos, para o período de validade:
  - ➠ dados de todas as inspeções; tipos de inspeções; ações para redução ou correção; comunicações ao órgão ambiental; e conformidade com os procedimentos registrados; e
  - ➠ correspondências internas relativas às questões de limitação da licença ou ações regulamentares.

4. GESTÃO DE EMISSÕES GASOSAS (Continuação)	Comentários do Auditor	Documento de Referência (pág.)

6. Verifique fluxograma ou descrição do processo, indicando responsáveis pelas atividades de controle da poluição do ar, especificamente quanto à operação, à manutenção e ao relato das informações.

7. Verifique se os procedimentos operacionais ou o sistema instalado fornecem informações substanciais de conformidade com os padrões:

- emissões monitoradas; eficiência do monitoramento sistemático e emergencial; emissões não-monitoradas e o risco de não-conformidade;
- procedimentos para manutenção e calibração dos equipamentos de controle e sua adequação; e
- possibilidade de checagem ou verificação em análises independentes, ou qualquer outro procedimento de controle de qualidade.

8. Verifique os dados de monitoramento e a disponibilização de informações:

- data, local e hora exata de coleta;
- adequação da coleta;
- métodos de análise usados; e
- resultados obtidos.

9. Verifique os procedimentos laboratoriais usados pela empresa para analisar emissões do ar; adequação aos padrões ou práticas aceitáveis; instrumentos de coleta; técnicas de preservação de amostras; procedimentos de controle de qualidade; e existência de credenciamento do laboratório junto ao órgão ambiental.

10. Verifique adequação dos planos e programas com os padrões e regulamentos; e consistência dos dados indicativos de conformidade.

11. Verifique se há procedimentos locais para monitorar o grau de exposição do empregado a contaminantes perigosos do ar, agentes químicos, poeiras inaláveis, fumos metálicos; temperatura; iluminância; índices de toxicidades; ou outros indicadores requeridos.

12. Verifique documentos pertinentes para obter um entendimento do sistema de gestão da poluição do ar; adequação legal, programas, procedimentos e responsabilidades. Considere:

- sistema de gestão; objetivos, previsões orçamentárias; definição dos procedimentos; assimilação de responsabilidades para o atendimento à conformidade legal; e avaliação dos objetivos e resultados;
- sistema de documentação e arquivo; coleta, análise e registro de dados; avaliação dos resultados e sua adequação; anotações; sumários de eventos ou acidentes; registros de inspeção; integridade dos procedimentos e documentos; periodicidade de acompanhamento; e adequação do:

4. GESTÃO DE EMISSÕES GASOSAS (Continuação)	Comentários do Auditor	Documento de Referência (pág.)

- programa de monitoramento dos parâmetros indicadores para controlar o risco de não-conformidade; e
- controle dos registros dos procedimentos operacionais;

• programas de acompanhamento para monitorar e avaliar os dados:

- responsável pelo monitoramento e revisão dos dados; adequação da frequência de revisão para identificar desvios, especialmente aqueles que possam impactar a conformidade legal; e
- fluxograma do processo ou estratégia que os responsáveis seguem para identificar ou relatar:

i. vistoria de avaliação;

ii. situações envolvendo aumento de incidentes e/ou qualidade das emissões que possam implicar risco de não-conformidade futura; e

iii. avaliações trimestrais, semestrais ou anuais da evolução dos objetivos e metas;

• investigue os programas de melhoria de desempenho; mudanças de procedimento e recursos; adequabilidade e período de implementação.

13. Verifique em observações, entrevistas e revisão documental a responsabilidade pelas práticas políticas e procedimentos relativos às emissões do ar, considerando:

• aplicação das práticas recomendadas;

• risco substancial, não coberto pelos procedimentos operacionais, baseado no inventário das emissões (item 3);

• deficiências nos procedimentos que possam ser corrigidas ou alteradas;

• responsável pelo controle, monitoramento e processamento dos procedimentos da empresa; localização física dos procedimentos ou manuais e quem os utiliza; e

• avaliação dos procedimentos; da forma de registrar e comunicar os desvios ou incidentes; programas de acompanhamento; e definição de responsabilidades.

14. Verifique a operação e a manutenção dos planos e programas de controle das emissões gasosas em entrevistas e revisão documental. Considere:

• programas de treinamento e sua efetividade; gestão dos programas anuais de treinamento; aumento de desempenho operacional; deficiências; alocação de recursos; definição e entendimento das regras e responsabilidades;

4. GESTÃO DE EMISSÕES GASOSAS (Continuação)	Comentários do Auditor	Documento de Referência (pág.)

- documentação e arquivo dos programas implementados na operação e manutenção dos sistemas de controle da empresa; registro de procedimentos; documentos de inspeção; desvios; e período de acompanhamento;
- documentação e sistema de arquivo dos programas de monitoramento e avaliação de dados; e uso da informação para promover a melhoria de desempenho na empresa; e
- programas de melhoria de desempenho; sua adequação e oportunidade de implementação.

15. Verifique as informações coletadas, conduza as entrevistas a partir de uma seleção aleatória da equipe com obrigações específicas quanto à emissão de poluentes, testando seus conhecimentos sobre os procedimentos de manutenção e operação.

5. GESTÃO DE RUÍDOS E ODORES	Comentários do Auditor	Documento de Referência (pág.)

1. Verifique ocorrência de não-conformidade ou reclamação do público; relatórios; implementação dos programas de acompanhamento; atendimento às solicitações de adequação de odores, ruídos, fuligem e problemas relacionados à saúde pública.

2. Verifique o grau de entendimento da empresa quanto aos regulamentos e monitoramento de ruído:

- reclamações; procedimentos gerenciais existentes; operação e manutenção dos sistemas de controle; programas de monitoramento; mapeamento de ruído nos limites da empresa; adequação à legislação; divulgação dos resultados; e prioridade de investimentos.

3. Verifique o grau de entendimento da empresa quanto aos regulamentos e monitoramento de odores:

- reclamações; procedimentos gerenciais; operação e manutenção dos sistemas de controle; programas de monitoramento interno e externo; divulgação dos resultados; e prioridade de investimentos.

6. GESTÃO DE MATERIAIS	Comentários do Auditor	Documento de Referência (pág.)

1. Verifique procedimentos e operações de cada unidade da empresa; conduza um inventário exaustivo anotando os pontos onde esses materiais são usados, incluindo as áreas de utilidade e manutenção, as atividades fora de rotina, manutenção e limpeza de emergência ou vazamento; considerando:

- características dos materiais em termos de produtos concentrados, perigosos, de manuseio especial; e requisitos específicos de disposição.

6. GESTÃO DE MATERIAIS (Continuação)	Comentários do Auditor	Documento de Referência (pág.)

Considere efeitos sobre a saúde, inflamabilidade, corrosividade, compatibilidade e reatividade e avalie os riscos, classificando-os como:

i. químico;

ii. físico;

iii. biológico;

iv. radioativo;

v. nuclear;

vi. infeccioso;

vii. alta toxicidade;

viii. reativo.

2. Verifique os materiais armazenados e as áreas de recebimento. Considere:

- *layout*; limpeza e segurança; manuseio de material armazenado, tanto o produto quanto a matéria-prima; padrões de estocagem temporária, transporte e cargas;
- adequação dos procedimentos para manuseio de materiais perigosos nas unidades, particularmente as pessoas que têm acesso a essas áreas; e
- riscos; potencial de perigo de vazamentos; impacto ao meio ambiente, à população e à saúde do trabalhador.

3. Verifique, com base na legislação pertinente, local de estocagem de materiais, tanto na parte interna quanto na externa; considerando:

- *layout*, limpeza das áreas, estocagem, condições especiais de segurança; estado dos tanques/tambores/*containers* quanto a segurança, compatibilidade com os materiais estocados, tamanho, material de construção e métodos de operação;
- controle dos procedimentos; adequação entre os materiais inventariados e os estocados; sinalização das áreas de estocagem de tanques/tambores/*containers*; e
- risco de cada unidade, o potencial de danos e impacto ao meio ambiente, à população e à segurança dos trabalhadores; impactos ou acidentes externos.

4. Verifique riscos associados ao transporte de material até o local de estocagem; da estocagem à unidade de produção; materiais que devem ser transportados da unidade ou do estoque para área de armazenamento. Faça entrevistas, observações e revisão documental; avalie o potencial de riscos incluindo aqueles à saúde e segurança, acidentes e vazamentos. Considere:

- potencial de danos provenientes de emanações e seu impacto ao meio ambiente, à população e à segurança dos trabalhadores; e

6. GESTÃO DE MATERIAIS (Continuação)	Comentários do Auditor	Documento de Referência (pág.)

- possibilidade de impacto externo ou acidentes e aqueles oriundos de interação com as pessoas no manuseio.

5. Verifique as consequências à saúde e à segurança baseadas no risco associado ao manuseio de materiais; inventarie os equipamentos de proteção individual disponíveis; sua adequação, quantitativo e condições de manutenção.

6. Verifique compatibilidade com a Licença Ambiental; inclusão de todos os materiais manuseados e sua associação com regulamentos e padrões; áreas de manuseio de produto nuclear, radioativo, biológico e outros cobertos por legislação específica e padronizada. Considere:

- grau de conformidade de todos os itens da Licença com os regulamentos e padrões;
- período de revisão; dados obtidos nas inspeções de conformidade; tipos de inspeções; ações corretivas; comunicados para as agências ambientais; conformidade com os procedimentos, identificando exceções e circunstâncias mitigadoras;
- correspondências internas relativas às questões de conformidade ou regulamentações, anotando aquelas ainda não resolvidas; e
- pendências, variações e adequações às ordens e instruções administrativas.

7. Verifique fluxograma ou descrição, mostrando as responsabilidades pelas atividades de manuseio de materiais.

8. Verifique todas as substâncias identificadas que possam ser utilizadas na empresa e reveja a avaliação e o resultado do programa de controle; e a documentação específica. Considere:

- se o programa de controle é perfeitamente compreensível, se identifica todos os parâmetros da legislação;
- regras e responsabilidades para realizar mudanças operacionais no programa; e
- frequência e cronograma de execução, anotando desvios.

9. Verifique o controle de produtos e do sistema de informação de materiais perigosos; realize entrevistas, revisão documental e observações para consubstanciar todos os aspectos do sistema. Considere:

- sistema de classificação e definição das regras e responsabilidades para garantir a aplicação do programa;
- inspeções prévias da lista de inventário de produtos químicos; relação de materiais de segurança, sua adequação e disponibilidade;
- rotulagens, incluindo os produtos químicos recebidos e analisados; uso de tanques/tambores/*containers* intermediários; sinalização requerida e sua observância em todas as partes da empresa; e

6. GESTÃO DE MATERIAIS (Continuação)	Comentários do Auditor	Documento de Referência (pág.)

- documentação sobre programa de treinamento; quem foi treinado e quando; se realmente concluíram o treinamento; o entendimento do conhecimento adquirido; e novos programas.

10. Verifique o funcionamento do sistema gerencial para manter a conformidade. Considere:

- procedimentos para identificar os controles de um novo produto a ser usado na empresa;
- procedimentos para classificar novos produtos; colocação de rótulos; substituição de rótulos com defeito ou danificados; e
- procedimento para identificar necessidade de treinamento.

11. Verifique o transporte de cargas perigosas na empresa; faça entrevistas, revisão documental e observações. Considere:

- rotulagem e sinalização; conhecimento dos procedimentos para avaliação integral dos tipos de materiais perigosos manuseados;
- treinamento de todas as pessoas vinculadas a essa atividade; aprovação em cursos específicos; certificados e documentos de aceitação; e o conhecimento adquirido; e
- esquemas de frete e/ou companhia transportadora usada pela empresa; e qualificação para transportar carga perigosa.

12. Verifique documental disponível para entender o sistema gerencial de materiais estabelecido na empresa; fluxograma do programa, procedimentos e responsabilidades na implementação e no controle do recebimento, transporte e estocagem de materiais. Considere:

- avaliação de objetivos anuais; de programas orçamentários; definição de procedimentos; compreensão de responsabilidades; atendimento às metas e avaliação de desempenho;
- documentação e arquivo de dados implementados pela empresa para as atividades de armazenamento, transporte e estocagem, incluindo anotações, sumários de incidentes, registros de inspeções; registros de procedimentos desenvolvidos; reuniões, prazos e frequência de acompanhamento dos desvios. Considere:
    - monitoramento e avaliação dos parâmetros de referência; registros e controle de risco de não-adequação; e
    - atualização das anotações de políticas e procedimentos operacionais para garantir controle de documentos;
- sistema de arquivo, programas de acompanhamento para monitorar e avaliar as características dos materiais, volumes e movimentação. Considere:
    - quem monitora e revê os dados; frequência de revisão para identificar desvios, especialmente aqueles que possam causar impacto na conformidade; e

6. GESTÃO DE MATERIAIS (Continuação)	Comentários do Auditor	Documento de Referência (pág.)

- processos existentes ou estratégias de como as partes responsáveis acompanham, identificam e relatam:
  i. vistorias de conformidade;
  ii. situações envolvendo aumento de incidentes com risco de não-conformidade em futuro próximo; e
  iii. desempenho trimestral, semestral ou anual do monitoramento e avaliação das metas;
- programa de melhoria de desempenho, com garantia de investimento de capital; revisão dos procedimentos; avaliação de adequação e identificação de oportunidades de implementação.

13. Verifique por meio de entrevistas, observações ou revisão documental as responsabilidades; procedimentos aceitáveis; políticas relativas ao manuseio de produtos; práticas existentes, mas não necessariamente suficientes ou limitadas a:

- práticas proibidas;
- práticas aceitáveis ou não; e
- práticas operacionais de segurança e proteção à saúde e à segurança.

Considere:

- aplicação das práticas, identificando desvios;
- risco substancial não coberto pelos procedimentos, baseado no inventário de material (item 1);
- deficiências nos procedimentos que possam ser corrigidos ou modificados;
- responsável pelo desenvolvimento, monitoramento e processamento dos procedimentos na empresa; localização, controle e utilização; e
- internalização dos procedimentos; monitoramento dos desvios e incidentes; elaboração de relatório; programa de acompanhamento dos desvios/incidentes por intermédio dos dados de rotina, memorandos, ou anotações que identifiquem os responsáveis por essas ações.

14. Verifique, adicionalmente, todos os programas de treinamento referentes aos aspectos de conformidade na gestão de materiais e/ou treinamento para programas/práticas específicas; identificação de novos treinamentos; responsável pelo programa e pelo sistema gerencial.

15. Verifique as informações coletadas; entreviste pessoas apropriadas da empresa nas questões de gestão de materiais com conhecimento relativo ao manuseio de produtos (manutenção e operação); com responsabilidades no monitoramento e nas questões relativas a desempenho.

6.1. Produtos	Comentários do Auditor	Documento de Referência (pág.)

16. Verifique se para cada produto há descrições, por escrito, identificando usos e avaliando os impactos ambientais com o uso normal, a não-utilização e quando da ocorrência de acidentes; estocagem; eventual descomissionamento ou disposição; mecanismos de divulgação e atualização das informações; definição de responsabilidades; e frequência de verificação.

17. Verifique se a empresa, na criação ou modificação de produtos, leva em consideração consumo de energia; de matéria-prima na fabricação; minimização do impacto ambiental; quantidade de resíduos gerados na utilização convencional; maximização da vida útil dos produtos; e oportunidade de reciclagem.

18. Verifique se a empresa observa a legislação pertinente; se foi desenvolvida alguma análise de Ciclo de Vida dos produtos; e se possuem algum tipo de Selo Verde.

6.2. Matérias-primas	Comentários do Auditor	Documento de Referência (pág.)

19. Verifique se a empresa tem um inventário de todos os fornecedores de matéria-prima; se há definida a responsabilidade pela execução e atualização das informações; frequência de verificação; indicação da origem, quantidades envolvidas, grupos ou lotes; informação sobre o impacto ambiental e possíveis efeitos à saúde; disponibilidade de regulamentos e exigências, inclusive da própria empresa quanto à saúde, à segurança e ao meio ambiente.

20. Verifique se há procedimentos que incentivem a identificação de alternativas de substituição por materiais ambientalmente menos danosos; em otimizar reciclagem; e se há previsão de investimentos para implementá-la.

21. Verifique se a empresa estabelece um padrão de desempenho ambiental esperado pelos fornecedores; e se considera as implicações ambientais legais das matérias-primas utilizadas.

6.3. Embalagens	Comentários do Auditor	Documento de Referência (pág.)

22. Verifique se a empresa tem um inventário de todos os fornecedores de embalagens; se há definida a responsabilidade pela execução e atualização das informações e a frequência de verificação; se há indicação da origem, das quantidades envolvidas, grupos ou lotes; se há identificado o impacto ambiental e possíveis efeitos à saúde; e se há disponível regulamentos e exigências, inclusive da empresa, quanto à saúde, à segurança e ao meio ambiente.

6.3. Embalagens (Continuação)	Comentários do Auditor	Documento de Referência (pág.)

23. Verifique se as embalagens atendem aos requisitos mínimos requeridos para transporte e venda; se há apoio à reciclagem ou reuso, inclusive junto aos consumidores, com instruções nas embalagens ou mercadorias.

24. Verifique se há procedimentos que incentivem a identificação de alternativas de substituição por materiais ambientalmente menos danosos; e previsão de investimentos para implementá-la.

6.4. Estocagem – Tanques Submersos	Comentários do Auditor	Documento de Referência (pág.)

25. Verifique tanques existentes e desativados, tipo, volume e data de instalação:

- construção; métodos de controle de corrosão; notas de aquisição para certificar-se dos materiais de fabricação; proteção catódica; e instalações elétricas;
- áreas de inundação; tubos de descarga; identificação visual de coloração indicativa de ocorrências de inundação; e
- tanques vazios e suas condições; os procedimentos adotados com o descomissionamento; evidências de os processos de descontaminação terem sido observados; as condições das tubulações que não estão em uso; adequação das conexões terminais; e os procedimentos adotados para limpar as linhas submersas.

26. Verifique o entendimento do sistema de armazenagem, entrevistando e realizando revisão documental; os programas, procedimentos e responsabilidades. Considere:

- inventário correto dos tanques existentes, incluindo descrição do combustível, assim como as sensibilidades locais;
- inspeção preventiva e verificação dos programas de manutenção para tanques e tubulação; programação; periodicidade apropriada e registros de aceitação;
- programa de detecção de vazamentos com base em inventário das rotinas e relatos; monitoramento com observações do lençol d'água;
- programa orçamentário para substituição dos tanques;
- adequação dos tanques instalados; e
- treinamento da equipe responsável pelo gerenciamento e substituição dos tanques.

6.5. Material Radioativo	Comentários do Auditor	Documento de Referência (pág.)

27. Verifique o uso de material radioativo, considerando:

- documentação pertinente para licenciar; e
- forma de utilização do material; qual o processo e os procedimentos laboratoriais.

28. Verifique o sistema gerencial entrevistando pessoal; realizando revisão documental; programas; procedimentos e responsabilidades de acordo com o que se segue:

- monitoramento e coleta;
- relatos regulares;
- manuseio de rejeitos radioativos;
- disposição de material radioativo;
- treinamento de pessoal no manuseio e disposição; e
- localização das potenciais fontes de rejeitos radioativos.

7. PREVENÇÃO E CONTROLE DE VAZAMENTO (INCLUSIVE EMERGÊNCIAS)	Comentários do Auditor	Documento de Referência (pág.)

1. Verifique e inventarie todo o potencial de risco de vazamento baseado nas características dos efluentes líquidos, resíduos e manuseio de material; emergências ou vazamentos acidentais, especialmente onde possa existir risco à saúde ou à segurança. Considere áreas de estocagem, de carga e descarga; evidências visuais de manchas; poças; incidentes e acidentes.

2. Verifique sistema de drenagem; áreas passíveis de retenção, como diques e bermas e adequação ao projetado; eficiência dos sistemas e dos procedimentos operacionais para reter vazamentos; volume de diques e seu comprometimento com a acumulação de águas pluviais.

3. Verifique as saídas para o ambiente natural ou ocupacional, drenos nas proximidades das áreas de risco de vazamento, ventilação para atmosfera, migração de materiais para áreas adjacentes da unidade; avalie se o risco poderá ser determinado pela análise das propriedades químicas dos produtos. Considere:

- liberação para o ambiente natural; o potencial de impacto consubstanciado em modelos qualitativos e quantitativos e na expectativa de emissão, especialmente aqueles que envolvem terceira parte ou a comunidade vizinha;

7. PREVENÇÃO E CONTROLE DE VAZAMENTO (INCLUSIVE EMERGÊNCIAS) (Continuação)	Comentários do Auditor	Documento de Referência (pág.)

- liberação para o ambiente ocupacional; o potencial de impacto em termos de evacuação de pessoal; pressão do ar e o potencial de emissão migratória; se a tubulação de refrigeração pode ser solicitada; e
- avalie a significância da liberação e o estabelecimento de prioridades.

4. Verifique, inventarie e inspecione os controles de vazamento e liberações emergenciais:

- nível dos alarmes, diques e bermas, bacias de contenção, desligamentos automáticos, alarmes tóxicos, sinais codificados de comunicação; e
- se todo o sistema de prevenção é capaz de prevenir vazamentos na área drenada e onde não há sistemas de prevenção instalados.

5. Verifique as especificações técnicas e práticas do projeto para minimizar riscos de vazamento ou falhas catastróficas que possam resultar em emergências:

- materiais utilizados na construção dos tanques a partir do projeto de engenharia e das especificações de compra; a compatibilidade com os materiais estocados e com as condições de estocagem;
- adequação das áreas com diques para conter vazamentos;
- instalação adequada de proteção contra corrosão, como proteção catódica e resistência do revestimento para estocagem enterrada, inclusive das tubulações; e
- adequação da sinalização e procedimentos para o tráfego de veículos nas operações de carga e descarga, do sistema de controle de conexão e desconexão; das bacias de acumulação à capacidade máxima de qualquer compartimento ou tanque dos veículos; e do sistema de drenagem da área.

6. Verifique o sistema de manutenção para os equipamentos identificados no item 4. Considere:

- sistema regular de manutenção; registros disponíveis; programa de manutenção; cronograma; lista de verificação; documentos indicativos de implementação; e a adoção de ações apropriadas e corretas;
- inspeções e programas de teste regular de alarmes, calibradores; integridade dos testes com os tanques enterrados; anotações de inspeção de bermas; evidências de pequenos problemas de vazamento ou limpeza; revisão dos equipamentos de coleta de derramamentos; e a manutenção dos equipamentos de proteção individual; e
- drenagem para os cursos d'água ou rede coletora; se as bacias de contenção não estão sujeitas a enchentes nos períodos de inundação; inspeções e relatórios.

7. PREVENÇÃO E CONTROLE DE VAZAMENTO (INCLUSIVE EMERGÊNCIAS) (Continuação)	Comentários do Auditor	Documento de Referência (pág.)

7. Verifique o maior risco locacional de vazamentos ou acidentes com respeito ao potencial de ocorrência e/ou gravidade do impacto; acessibilidade ao controle dos vazamentos; adequação dos equipamentos disponíveis para controle e dos equipamentos de proteção individual.

8. Verifique a capacidade de resposta a uma emergência e as responsabilidades pela ação e relatos de vazamentos ou acidentes. Considere as implicações para:

- demais produtos químicos perigosos estocados;
- a empresa como um todo;
- o solo; e
- os cursos d'água.

9. Verifique nos registros da empresa a consistência legal dos procedimentos no relato de vazamentos e na imediata solução ou acompanhamento.

10. Verifique documentos de incidentes com vazamento; reveja procedimentos e ações de acompanhamento.

11. Verifique os incidentes de vazamento ou emergências escritos ou outros documentos; investigue todos os incidentes significativos ou eventos, em entrevistas; garanta que as informações são verificáveis em documentos ou que outro empregado possa confirmar os dados, tempo, evento; compare a conformidade com as políticas, padrões e regulamentos. Considere:

- tempo de resposta a um vazamento e os requisitos legais para os relatos; e
- responsáveis pelo evento incluindo relatos de alerta, contaminantes, limpeza e ações ou programas de acompanhamento.

12. Verifique os documentos viáveis para obter um entendimento do programa de emergência e de controle e prevenção de vazamentos ou entrevistas. Considere:

- existência de um plano para atendimento de vazamento e/ou plano de emergência. Se não for formalizado, anote todos os fluxos, listas e procedimentos para revisão; se formalizado, verifique se contém as seguintes informações:
  - procedimentos para notificação e alerta;
  - coordenação, obrigações e responsabilidades;
  - localização de equipamentos e materiais necessários para contenção e limpeza;
  - controle de vazamentos e procedimentos para limpeza;
  - informações sobre disposição de contaminantes; e
  - métodos para recuperar o local do vazamento.

7. PREVENÇÃO E CONTROLE DE VAZAMENTO (INCLUSIVE EMERGÊNCIAS) (Continuação)	Comentários do Auditor	Documento de Referência (pág.)

- relação de nomes, telefones e endereços alternativos para notificação de alguma emergência; inclusive para operações fora do horário convencional de trabalho;
- existência de procedimentos definidos para relato de emergências para apropriação por parte dos órgãos ambientais;
- entendimentos para requisitar apoio quando de vazamentos mais significativos;
- indícios que garantam que a fonte de combustível é conhecida e que pode ser interrompida no caso de emergência;
- disponibilidade na região de equipamentos, materiais e suprimentos que possam ser utilizados no combate a uma grande ou séria emergência; e
- estimativa de equipamentos, materiais e suprimentos necessários para conter e limpar vazamentos de uma possível descarga máxima.

13. Verifique programa de prevenção, sistema de documentação e de arquivo para relato de incidentes, inspeções, monitoramentos e cada procedimento relatado. Considere:

- monitoramento dos parâmetros de referência e arquivo para controle de risco de não-conformidade.

14. Verifique o acompanhamento do programa para monitorar e avaliar os dados com o apoio dos arquivos; faça entrevistas e reveja base documental. Considere:

- responsabilidade pelo monitoramento e pela revisão dos dados; frequência para sinalizar desvios, especialmente os que possam causar impactos sobre a conformidade; e
- processo ou estratégias que as partes responsáveis seguem para identificar e fazer relatos, tanto internos como às autoridades externas, em situações de:
  - imediato comprometimento da conformidade;
  - aumento de incidentes que possam apresentar riscos de não-adequação em futuro próximo;
  - monitoramento de desempenho trimestral, semestral ou anual; e
  - avaliação dos objetivos.

15. Verifique se o programa de controle que inclui plano de contingência e responsabilidade; o grau de entendimento por parte de todos os envolvidos; e faça checagem e/ou testes, a partir do primeiro procedimento de alerta, por meio de uma seleção randômica da equipe:

- reveja primeiro o sistema de alerta e os procedimentos de relatos, incluindo empregados, supervisores, coordenadores e gerentes; teste as responsabilidades, números de telefones, adequação da lista;

7. PREVENÇÃO E CONTROLE DE VAZAMENTO (INCLUSIVE EMERGÊNCIAS) (Continuação)	Comentários do Auditor	Documento de Referência (pág.)
• avalie o entendimento dos empregados responsáveis pelas primeiras decisões; como/que autoridades devem ser alertadas; como/quem é o coordenador e gerente de alerta;		
• reveja, para eventos de larga escala de emergência, os procedimentos para estabelecer um comando local e os responsáveis pelo plano de evacuação, recursos extras, ajuda médica e/ou hospital;		
• reveja a frequência, atendimento e programas de treinamento de prevenção de vazamento; se os programas de simulação de vazamento e exercícios de emergência têm sido realizados para testar sua efetividade; e		
• investigue os responsáveis por prover o treinamento para conter vazamento em documentos da empresa e entrevistas.		

5.3 LISTA DE VERIFICAÇÃO DO PROCESSO *(CHECK LIST)*

A Lista de Verificação, a exemplo do Protocolo, é outro modelo de plano que o auditor deve seguir na aplicação da Auditoria Ambicntal, no local, para atingir scus objctivos.

Com a Lista de Verificação as informações da unidade a ser auditada fornecem à equipe de auditores um conhecimento suficiente de seus processos de produção e de como são gerenciados os assuntos de saúde, segurança e proteção ambiental.

Esta é a principal parte de uma auditoria, a investigação dos procedimentos com relação aos mecanismos de controle da empresa, as licenças e as conformidades legais, sistema gerencial e as regras, responsabilidades, comunicação, treinamento e outras atividades relacionadas ao gerenciamento ambiental.

A Lista de Verificação, um questionário de sim-e-não, tende a ser longa e detalhada, frequentemente estruturada para incorporar todas as questões relevantes. Requer relativamente pouco conhecimento dos elementos da auditoria e o auditor é levado a fazer perguntas bem mais do que a rever ou examinar processos.

A formatação e a organização da Listagem de Verificação apresentadas aqui neste exemplo, de forma não-exaustiva, considera os seguintes tópicos:

1. Controle Gerencial.
2. Gerenciamento de Efluentes Líquidos.
3. Gerenciamentos de Resíduos:
   - PCB´s.
4. Gerenciamento de Emissões Gasosas.
5. Gerenciamento de Materiais:
   - Estocagem – Tanques Submersos.

- Material Radioativo.
- Prevenção e Controle de Vazamento (inclusive Emergências).

Este modelo de Listagem de Verificação deve ser utilizado como um guia para orientar e conduzir a Auditoria Ambiental na empresa. Deve ser adaptado a cada auditoria em função de seus objetivos, escopo, tipo da unidade industrial ou outras circunstâncias específicas.

5.3.1 MODELO DE LISTA DE VERIFICAÇÃO

1. CONTROLE GERENCIAL	S	N	NA	OBS.
Política Ambiental				
1. A empresa tem documentada sua Política Ambiental abrangendo as questões relevantes?				
2. Ela orienta para a total conformidade com a legislação?				
3. Foi aprovada e endossada pela direção ou pelos seus acionistas?				
4. Considera fornecedores, clientes, comunidade local, grupos ambientalistas e outros agentes?				
5. Está acessível ao público?				
6. Define critérios de avaliação e revisão?				
7. Define investimentos para controle e proteção ambiental?				
Desempenho Ambiental				
8. Podem ser identificados os objetivos e as metas da empresa quanto ao desempenho ambiental?				
9. A empresa identificou, claramente, os indicadores de desempenho ambiental?				
10. Existem programas visando à conformidade com exigências governamentais e com a melhoria do desempenho ambiental?				
11. Avalia-se o desempenho ambiental com relação aos objetivos e metas estabelecidos?				
12. Quais são os procedimentos de avaliação de desempenho com relação a objetivos e metas?				
13. As metas ambientais incorporam os requisitos legais e corporativos?				

Nota: S = Sim; N = Não; NA = Nào se Aplica.

1. CONTROLE GERENCIAL (Continuação)	S	N	NA	OBS.
14. Existem recursos para monitorar o desempenho ambiental, as tendências legislativas e as melhores tecnologias disponíveis?				
15. A empresa tem recursos para rever as tendências ambientais, face às pressões do mercado e do público e políticas que interferem em seus negócios e produtos?				
Estrutura e Responsabilidade				
16. A estrutura organizacional é compatível com a melhoria do seu desempenho ambiental?				
17. As funções, responsabilidades e autoridades são definidas, documentadas e comunicadas?				
18. Há pessoal, em todos os níveis, informado e responsável pelas implicações ambientais de suas ações?				
19. Há representantes específicos com funções, responsabilidades e autoridade definidas para assegurar que os requisitos do sistema de gestão ambiental sejam estabelecidos, implementados e mantidos de acordo com a norma técnica vigente?				
20. A empresa analisa o desempenho ambiental de seus concorrentes?				
21. Há representantes específicos para relatar à alta administração o desempenho do sistema de gestão ambiental, para análise crítica, como base para o aprimoramento do sistema?				
22. Há sistema implantado ou certificação de qualidade?				
Gerenciamento de Pessoal e Treinamento				
23. Promove-se a qualidade ambiental na empresa?				
24. A empresa tem identificado as necessidades de treinamento?				
25. Está sendo aplicado plano para treinamento e conscientização dos funcionários quanto à regulamentação e aos procedimentos relativos à questão ambiental?				
26. A empresa tem a proteção ambiental como prioridade?				
27. A empresa acompanha o processo de normalização da série ISO?				
28. Todos estão cientes dos objetivos, metas, programas e responsabilidades ambientais?				

1. CONTROLE GERENCIAL (Continuação)	S	N	NA	OBS.
29. Há procedimentos estabelecidos e mantidos que garantam que seus empregados estejam conscientes da importância de estar em conformidade com a política ambiental, os procedimentos e os requisitos do sistema de gestão ambiental?				
30. Há procedimentos que garantam que seus empregados estejam conscientes dos impactos ambientais significativos de suas atividades, reais ou potenciais, e dos benefícios ao meio ambiente resultante da melhoria de seu desempenho pessoal?				
31. Há procedimentos estabelecidos e mantidos que garantam que seus empregados estejam conscientes de suas funções e responsabilidades para atingir a conformidade com a política ambiental, procedimentos e requisitos do sistema de gestão ambiental, inclusive os requisitos de preparação e atendimento a emergências?				
32. Os programas de treinamento e capacitação são monitorados?				
33. A política, as metas e o desempenho ambiental são comunicados aos empregados?				
34. Os requisitos de recrutamento consideram as atividades ambientais da empresa?				
35. Há algum tipo de incentivo para que os empregados participem, voluntariamente, das atividades ambientais?				
36. Há divulgação na empresa da legislação referente ao controle ambiental?				
Relações Públicas				
37. A empresa mantém procedimentos para comunicação interna entre vários níveis e funções da organização?				
38. A empresa mantém procedimentos para recebimento, documentação e resposta a comunicações das partes interessadas externas?				
39. Existe um departamento de relações públicas para comunicar o desempenho ambiental à comunidade envolvida com a empresa?				
40. Há procedimentos definidos para negociar com o público e/ou imprensa as questões ambientais?				
41. As informações encontram-se em uma linguagem acessível?				

1. CONTROLE GERENCIAL (Continuação)	S	N	NA	OBS.
42. São transparentes a Política Ambiental, indicadores e metas de desempenho e recursos disponíveis para gerenciar as questões ambientais?				
43. Há procedimentos sedimentados para se proteger de falsas informações ou reivindicações exageradas?				
44. Há algum programa de avaliação da eficácia das medidas aplicadas e campanhas promovidas?				
45. A empresa prevê consulta prévia à comunidade local sobre algum projeto ou novos investimentos?				
46. São levadas em consideração as reclamações da vizinhança de caráter ambiental?				
47. São registradas essas reclamações?				
48. Há procedimentos estabelecidos para responder às reivindicações da comunidade?				
Investimentos				
49. São consideradas as questões ambientais e suas implicações no orçamento e nas discussões de investimentos?				
50. Levam-se em consideração as despesas com o meio ambiente nos planos orçamentários?				
51. Tem sido dada prioridade de investimentos nas áreas de risco de dano ao meio ambiente?				
52. Consideram-se questões ambientais quando se trata de investimentos em novas áreas, em tecnologias, novos negócios?				
53. No caso de investimento em outros negócios é levado em consideraçao o desempenho ambiental?				
54. A empresa financia projetos de pesquisa e desenvolvimento de novos processos e produtos ambientalmente saudáveis?				
55. A empresa patrocina alguma organização ou programa ambiental?				
56. A empresa identifica todo investimento na gestão ambiental?				
57. Há alguém responsável pelo monitoramento dos custos ambientais?				
58. A empresa sabe o custo ambiental de cada uma de suas unidades?				

1. CONTROLE GERENCIAL (Continuação)	S	N	NA	OBS.
59. A empresa procura identificar oportunidades de reduzir os custos ambientais via reciclagem, conservação de energia?				
Conformidade Legal				
60. A empresa dispõe de relatórios com as informações ambientais atualizadas?				
61. Existe sistemática que continuamente permita a identificação da legislação e das normas aplicáveis aos aspectos ambientais da empresa?				
62. A empresa tem cadastro atualizado junto ao órgão ambiental?				
63. Há Licença Ambiental envolvendo todas as atividades da empresa?				
64. Houve alguma modificação em alguma área licenciada e esta alteração foi comunicada ao órgão ambiental?				
65. As exigências de licenciamento estão sendo cumpridas?				
66. A empresa tem procedimentos para acompanhar o cumprimento das exigências, restrições e renovações das licenças ambientais?				
67. Existe documentação?				
68. A Licença Ambiental encontra-se dentro do prazo de validade?				
69. Foi feita a publicação oficial da Licença Ambiental?				
70. Mantém em arquivo os documentos relativos ao licenciamento?				
71. A empresa pode demonstrar conformidade com a legislação ambiental vigente relativa a suas atividades?				
72. Existem meios de acessar com facilidade a legislação e normas aplicáveis?				
73. As restrições e recomendações foram repassadas para todos os setores da empresa?				
74. A empresa está atenta às modificações da política e das práticas das autoridades?				
75. É feita divulgação na empresa da legislação existente referente ao controle de poluição?				

1. CONTROLE GERENCIAL (Continuação)	S	N	NA	OBS.
Responsável pelo Setor Ambiental				
76. Há um responsável técnico da empresa junto ao órgão ambiental?				
77. Na descrição do cargo do responsável pela área ambiental constam seus compromissos para com o programa ambiental?				
78. O responsável conhece a legislação vigente no Estado?				
79. O responsável recebeu treinamento específico para atuar na área?				
80. O responsável mantém atualizado o manual de meio ambiente?				
Consumidores				
81. A empresa está atenta para analisar os possíveis efeitos dos consumidores verdes nos seus negócios?				
82. Os consumidores estão adequadamente informados sobre o desempenho ambiental dos seus produtos?				
83. Os produtos da empresa recebem alguma forma de rotulagem ambiental?				
Seguro				
84. A empresa realiza auditorias ambientais para avaliar os riscos associados a suas atividades?				
85. A empresa possui seguro apropriado para qualquer impacto ambiental que possa resultar de suas atividades?				
86. O desempenho ambiental tem sido relevante na definição do prêmio do seguro?				
Consumo de Energia				
87. Há revisão periódica do uso de energia?				
88. A empresa encoraja o uso eficiente de energia?				
89. Há algum monitoramento do uso de energia?				
90. Há um responsável para minimizar o uso de energia na empresa?				
91. A empresa selecionou a fonte de energia ambientalmente menos danosa?				

1. CONTROLE GERENCIAL (Continuação)	S	N	NA	OBS.
92. Há registros do uso de energia e metas de eficiência e redução?				
93. A empresa possui uma política de incentivo ao aumento de eficiência no uso de energia?				
94. Os equipamentos podem ser modificados para melhorar a eficiência energética?				
Material de Escritório				
95. A empresa sabe qual a quantidade de papel utilizada e quanto ele custa?				
96. Pode reduzir tanto o uso quanto os custos?				
97. Há algum incentivo no sentindo de possibilitar a reciclagem?				
98. Os quantitativos de fotocópia são controlados?				
99. Há separação de diferentes tipos de papel usado antes do reuso ou reciclagem?				
Processos de Produção e Operação				
100. Os processos de produção são projetados e operados para minimizar os impactos ambientais?				
101. A empresa utiliza a melhor tecnologia disponível para prevenir danos ambientais?				
102. A empresa acompanha sistematicamente o desenvolvimento tecnológico e avalia as possibilidades de modernização?				
103. As modificações de projeto são feitas de forma a não aumentar os impactos ambientais da instalação e, se possível, reduzi-los?				
104. As modificações se baseiam na melhor tecnologia disponível para prevenir danos ambientais?				
105. Os aspectos ambientais das modificações de projeto têm sido corretamente identificados?				
106. A empresa pode demonstrar que seu processo minimiza descargas de efluentes, emissão de gases e produção de resíduos sólidos?				
Transporte e Distribuição				
107. Há otimização do uso de combustível? Há controle das emissões veiculares?				

1. CONTROLE GERENCIAL (Continuação)	S	N	NA	OBS.
108. A empresa considera o impacto ambiental dos métodos de distribuição e do sistema de transporte?				
109. A empresa controla o uso de manifesto das substâncias transportadas?				
110. A empresa controla a frequência de manutenção, fatores de vazamento e de descargas acidentais?				
111. A empresa tem identificado as causas possíveis de vazamento e seus efeitos ao ambiente?				
112. Há planos para atendimento a acidentes?				
113. Os motoristas ou operadores são treinados para as operações corretas de abastecimento e carregamento?				
Higiene e Saúde Ocupacional				
114. Existe na empresa um serviço especializado em Engenharia de Segurança e Medicina do Trabalho?				
115. Existe algum sistema de acompanhamento médico dos funcionários, incluindo a realização de exames admissionais, periódicos e demissionais?				
116. Existe mapeamento e programas de informação e prevenção de risco ocupacional?				
117. Há Programa de Prevenção de Riscos Ambientais (PPRA)?				
118. Há um sistema de registro e comunicação de acidentes de trabalho e doenças ocupacionais?				
119. Há Programa de Controle Médico de Saúde Ocupacional (PCMSO)?				
120. Existe na empresa funcionamento regular da CIPA – Comissão Interna de Prevenção de Acidentes?				
121. A empresa dispõe de sistema de fornecimento e treinamento para uso de EPI's e EPC's – equipamentos de proteção individual e coletiva?				
122. Esse sistema é considerado adequado?				
123. As instalações da empresa são adequadamente operadas e mantidas, particularmente no que se refere à iluminação e à ventilação?				

2. GESTÃO DE EFLUENTES LÍQUIDOS	S	N	NA	OBS.
Consumo de Água				
124. O suprimento de água é medido?				
125. O consumo de água é medido em cada uma das unidades operacionais?				
126. Foram revistas todas as possíveis opções de suprimento de água?				
127. Há monitoramento do suprimento de água e custos de esgotamento?				
128. Foram introduzidas medidas para reduzir consumo, modificando instalações sanitárias ou instalando restrições de vazão nas pias e chuveiros?				
129. Existem ações imediatas para reparar vazamentos de torneiras e tubulações?				
130. Há incentivo à reciclagem de água?				
131. A empresa sabe quanta água utiliza em cada uma de suas unidades operacionais?				
132. Há monitoramento do suprimento de água?				
133. Há política de redução ou otimização de consumo?				
134. Há previsão de reciclagem de água?				
135. Há programa de controle de perdas?				
136. Há definição de responsabilidade gerencial pelo controle de água?				
Esgoto Sanitário e Águas Pluviais				
137. As ligações, tanto da rede de esgoto quanto de águas pluviais, são independentes e compatíveis com a rede de distribuição local?				
138. Foram identificadas opções para minimizar esgotos sanitários?				
139. Demonstra-se adequação de descarga de efluentes sanitários aos controles legais vigentes?				
140. As ligações, tanto da rede de esgoto quanto de águas pluviais, são compatíveis com a rede de distribuição local?				
141. Os serviços públicos têm tratamento?				
142. Ou são lançados em corpos d'água?				

2. GESTÃO DE EFLUENTES LÍQUIDOS (Continuação)	S	N	NA	OBS.
143. Há controle de descargas de águas pluviais e outros efluentes para o corpo receptor?				
144. Caso a unidade possua fossa séptica, é feita manutenção periódica?				
145. A unidade mantém arquivados os comprovantes de limpeza de fossa séptica?				
146. Há contaminação das águas pluviais por resíduos dispostos inadequadamente no solo?				
Efluentes Industriais				
147. Há investigações de opções para minimizar efluentes?				
148. Demonstra-se adequação de descarga de efluentes aos controles legais correntes?				
149. Os efluentes de processo são tratados?				
150. Há metas de adequação dos efluentes?				
151. Todos são monitorados e registrados?				
152. São licenciados?				
153. As exigências das licenças são observadas pelas gerências?				
154. Os equipamentos que tratam os efluentes da unidade estão em bom funcionamento?				
155. Existe documentação comprobatória de manutenção periódica nesses equipamentos?				
156. A empresa está vinculada ao programa de autocontrole?				
157. As informações estão sendo fornecidas ao órgão ambiental dentro da periodicidade exigida?				
158. Os padrões estão sendo alcançados?				
159. Caso contrário, há procedimentos para o enquadramento dos efluentes industriais aos padrões?				
160. A amostragem dos efluentes é feita pelo pessoal da empresa?				
161. As amostragens seguem as normas?				
162. Esse pessoal recebeu treinamento quanto à amostragem e preservação das amostras?				
163. O laboratório responsável pelas análises é credenciado pelo órgão ambiental?				

2. GESTÃO DE EFLUENTES LÍQUIDOS (Continuação)	S	N	NA	OBS.
164. Todos os despejos descartados pela unidade são caracterizados?				
165. Há análise comprobatória?				
166. O órgão ambiental tem conhecimento das características dos despejos das unidades?				
167. A unidade possui normas ou procedimentos, por escrito, do controle de despejos?				
168. Há planos de manutenção para os equipamentos de controle?				
169. O responsável pelo equipamento de controle conhece os padrões?				
170. O descarte de sobras de soluções e resíduos de laboratório é feito de forma correta?				
171. Há disposição local (por exemplo, leitos de percolação, irrigação)?				
172. Existem pontos vulneráveis na drenagem das áreas de armazenagem, bacias de acumulação, estocagem de resíduos, transferência de produtos químicos, e tambores/baldes/*containers* com produtos químicos ou vazios?				
173. Todos os requisitos aplicáveis pela legislação federal, estadual ou municipal são observados?				
174. O responsável conhece a legislação vigente no Estado?				
175. Recebeu treinamento específico para atuar nesta área?				
176. É feita divulgação na unidade da legislação existente referente ao controle de efluentes líquidos?				
177. Existem manuais de operação dos equipamentos nas áreas com potencial de agressão ambiental?				

3. GESTÃO DE RESÍDUOS	S	N	NA	OBS.
178. Há registro da produção de resíduos e métodos de disposição?				
179. A empresa tem conhecimento de quanto resíduo é produzido?				
180. Há segregação de resíduos na empresa para reciclagem?				

3. GESTÃO DE RESÍDUOS (Continuação)	S	N	NA	OBS.
181. Já foram investigadas oportunidades de reciclagem ou esquemas locais para troca/venda (bolsa de resíduos)?				
182. Outra empresa utiliza seus resíduos como matéria-prima?				
183. A empresa tem procedimentos para gerenciar resíduos no local?				
184. Há metas para reduzir a quantidade de resíduos gerados?				
185. Os resíduos estão identificados e armazenados em área adequada?				
186. Há procedimentos para lidar com vazamento de resíduos?				
187. A empresa pode demonstrar que observa toda a legislação pertinente referente a manuseio de resíduos sólidos?				
188. Toda a equipe da empresa está ciente de suas responsabilidades quanto à disposição de resíduos?				
189. Os resíduos são manuseados e controlados por pessoal treinado?				
190. As áreas de estocagem dos resíduos possuem características apropriadas para essa finalidade?				
191. É feito monitoramento periódico dessas áreas?				
192. O controle desses resíduos faz parte das informações contidas no programa de autocontrole da empresa?				
193. Existe a caracterização dos resíduos?				
194. Há a classificação segundo a norma NBR 10.004 da ABNT?				
195. O inventário segue a Resolução CONAMA nº 313/02?				
196. É mantido em arquivo o inventário de resíduos atualizado, enviado para o órgão ambiental?				
197. O responsável pelo setor ambiental controla o procedimento de venda de resíduos da empresa?				
198. O controle desses resíduos faz parte das informações contidas no inventário de resíduos?				
199. A empresa mantém um arquivo de notas de venda de resíduos?				

3. GESTÃO DE RESÍDUOS (Continuação)	S	N	NA	OBS.
200. A empresa mantém em arquivo o controle de descarte de resíduos sólidos?				
201. Os resíduos perigosos estão sendo acondicionados e dispostos conforme determinação do órgão ambiental?				
202. Existe controle desses resíduos?				
203. A empresa possui área definida para estocagem desses resíduos?				
204. É feito monitoramento dessa área?				
205. É restrita a entrada nesse local?				
206. Existem análises de lixiviados para os diversos tipos de resíduos?				
207. Existe algum tipo de tratamento (reciclagem, aterro, incineração, encapsulamento) de resíduos sólidos?				
208. Existem planos de manutenção preventiva nos sistemas de tratamento de resíduos?				
209. Resíduos sólidos não tratados são acondicionados adequadamente?				
Transportadores e Receptores de Resíduos				
210. As firmas transportadoras de resíduos são capacitadas?				
211. A empresa controla movimentação dos resíduos pelo sistema de manifesto?				
212. A empresa transportadora de resíduos industriais, quando for o caso, é controlada pelo órgão ambiental?				
213. A empresa receptora de resíduos industriais, quando for o caso, tem Licença Ambiental?				
214. O responsável pelo transporte conhece a legislação vigente no Estado?				
215. As empresas contratadas para transporte de resíduos têm conhecimento da política de meio ambiente da empresa?				
216. Recebeu treinamento específico para atuar nesta área?				
217. É feita divulgação na empresa da legislação existente referente ao controle de resíduos?				

3. GESTÃO DE RESÍDUOS (Continuação)	S	N	NA	OBS.
218. É aplicado o plano para treinamento e conscientização dos funcionários quanto à regulamentação e aos procedimentos relativos à gestão de resíduos?				
219. Existem manuais de operação dos equipamentos ou áreas que tenham potencial de agressão ambiental?				
220. Há quantificação de todos os custos de disposição de resíduos?				

3.1. PCB's	S	N	NA	OBS.
221. Existem equipamentos em operação que usam ascarel com mais de 30 ppm de PCB?				
222. Existe comprovação de que o óleo dos transformadores da empresa não contém PCB's?				
223. Existe programa periódico de inspeção nos transformadores da empresa que contêm PCB's?				
224. Existe identificação nos transformadores da empresa que contêm PCB's de acordo com a legislação pertinente?				
225. Há proteção secundária nesses equipamentos?				
226. Os locais de estocagem de PCB's estão de acordo com a norma vigente?				
227. A destinação de equipamentos e líquidos fora do uso, bem como dos resíduos contaminados estão dentro das normas?				
228. O órgão ambiental foi comunicado sobre a existência de PCB's?				
229. O responsável conhece a legislação vigente no Estado?				
230. O responsável pelo setor de meio ambiente recebeu treinamento específico?				
231. É feita divulgação na empresa da legislação existente referente ao controle de PCB?				
232. Está sendo aplicado o plano para treinamento e conscientização dos funcionários quanto à regulamentação ambiental e aos procedimentos?				

3.1. PCB's (Continuação)	S	N	NA	OBS.
233. Existem manuais de operação dos equipamentos em áreas que tenham potencial de agressão ambiental?				
234. Existem equipes treinadas para pronto atendimento em caso de acidentes ambientais com PCB?				

4. GESTÃO DAS EMISSÕES ATMOSFÉRICAS	S	N	NA	OBS.
235. Estão identificadas e qualificadas as emissões para o ambiente oriundas da operação da empresa?				
236. Há pesquisas de opções para minimizar as emissões atmosféricas?				
237. A empresa pode demonstrar que são observados todos os requisitos legais concernentes às emissões?				
238. A empresa verifica os padrões de emissão e as tecnologias de redução disponíveis?				
239. Há metas de redução de emissões?				
240. Todas as emissões são monitoradas e registradas?				
241. Existe controle dos particulados ou gases das áreas da empresa ou fora do perímetro da unidade?				
242. Mantém arquivo deste controle?				
243. Os equipamentos de controle da poluição atmosférica estão em perfeito funcionamento?				
244. É feita manutenção preventiva destes equipamentos?				
245. O controle das emissões faz parte do programa de autocontrole?				
246. Os relatórios são enviados ao órgão ambiental, periodicamente, conforme previsto?				
247. Os padrões estão sendo alcançados?				
248. Caso contrário, há procedimentos para o enquadramento das emissões atmosféricas aos padrões?				
249. O responsável pela amostragem é qualificado?				
250. As amostragens seguem as normas?				
251. Há planos de manutenção preventiva para os equipamentos de controle?				

4. GESTÃO DAS EMISSÕES ATMOSFÉRICAS (Continuação)	S	N	NA	OBS.
252. O responsável pelos equipamentos conhece os padrões de emissão?				
253. O responsável conhece a legislação vigente no Estado?				
254. Recebeu treinamento específico para atuar nesta área?				
255. Mantém atualizado o manual de meio ambiente?				
256. É feita divulgação na unidade da legislação existente referente ao controle de emissões atmosféricas?				
257. Existem manuais de operação dos equipamentos em áreas que tenham potencial de agressão ambiental?				
258. Há controle meteorológico de acordo com os procedimentos estabelecidos pela empresa?				
259. Os registros do controle meteorológico têm sido realizados corretamente?				
260. Existem odores incomodativos para a comunidade?				
261. Existem reclamações de odores e elas são administradas?				
262. Existem sistemas de controle e planos de manutenção?				
263. Todas as fontes de odores são controladas?				

5. GESTÃO DE RUÍDOS	S	N	NA	OBS.
264. Foi realizada medição de ruído nas diversas áreas adjacentes à empresa?				
265. Existe mapeamento de ruído nos limites da fábrica?				
266. Houve pontos onde os limites foram superados?				
267. Existem pontos em desacordo com a legislação?				
268. Há sistema de controle de ruídos?				
269. Há planos de manutenção para os equipamentos de controle de ruídos?				

6. GESTÃO DE MATERIAIS	S	N	NA	OBS.
270. Ao definir seus produtos a empresa considera e está atenta para minimizar o potencial de impacto ambiental?				
271. A empresa considera a disposição final de seus produtos?				
272. A empresa está ciente de que seus produtos observam a legislação ambiental?				
273. A empresa possui alguma forma de Selo Verde nos seus produtos?				
274. Foi desenvolvida alguma análise do ciclo de vida de seus produtos?				
275. São considerados os impactos ambientais dos métodos de limpeza e da qualidade dos materiais utilizados?				
276. A empresa conhece os impactos ambientais dos equipamentos e materiais?				
277. A empresa está ciente de que a legislação ambiental pode restringir cada tipo de matéria-prima utilizada por ela?				
278. Regularmente são revistos os impactos ambientais das matérias-primas, são propostas alternativas?				
279. A empresa dispõe de fontes alternativas de matéria-prima?				
280. A embalagem dos produtos, para transporte ou venda, atende aos requisitos mínimos requeridos para embalagens?				
281. Há atividade de apoio à reciclagem ou reuso dos materiais de embalagens?				
282. Há incentivo para que os consumidores reciclem as embalagens nas instruções presentes das embalagens ou das mercadorias?				
283. Existe controle de qualidade dos produtos químicos recebidos pela empresa?				
284. A empresa segue as normas de segurança no uso desses produtos?				
285. A empresa considera o desempenho ambiental dos seus fornecedores de mercadorias e serviços?				
286. A empresa coleta informações ambientais sobre seus fornecedores, política ambiental, produtos, materiais e processos?				

6. GESTÃO DE MATERIAIS (Continuação)	S	N	NA	OBS.
287. Há critérios ambientais estabelecidos para avaliar seus fornecedores?				
288. Dá-se preferência a fornecedores que têm mais consciência ambiental?				
289. A empresa exige que seus fornecedores façam uma revisão ambiental de suas operações?				
290. A empresa oferece suporte financeiro, técnico ou assistência gerencial ou consultivas a seus fornecedores?				
291. Há procedimentos para prevenir disposição de produtos químicos para dreno ou sistema de *run-off*?				
292. A empresa pode demonstrar que observa todos os requisitos legais para estocagem de materiais perigosos?				
293. Há plano apropriado de contingência para derramamentos, acidentes ou incêndios?				
294. A equipe está adequadamente treinada para manusear materiais perigosos?				
295. Todos os *containers* de estocagem de materiais perigosos estão devidamente etiquetados e colocados em lugar seguro?				
296. São realizadas revisões regulares nos locais de estocagem de material?				
297. Há possibilidade de derramamentos ocasionais atingirem galerias pluviais?				
298. Há procedimentos escritos?				
299. Existe área apropriada para estocagem de óleos novos e usados?				
300. Em caso de vazamento, as áreas de estocagem retêm o material?				
301. A unidade mantém em arquivo notas de venda de óleo usado?				
302. Todos os recipientes contendo produtos estão devidamente identificados e acondicionados?				
303. A empresa possui um programa de divulgação das folhas de dados de segurança de produto?				
304. Os empregados recebem os dados de todos os produtos comercializados e produzidos que são por eles manuseados?				
305. Os clientes recebem as informações correspondentes a cada produto que consomem?				

6. GESTÃO DE MATERIAIS (Continuação)	S	N	NA	OBS.
306. A entrega dessas informações ao empregado e ao cliente é registrada, comprovada e controlada?				
307. Os procedimentos inseguros ou o mau uso de um produto, quando observados, são registrados e comunicados ao gerente?				
308. Passam a ter um plano de ação definindo data e responsabilidade pela correção?				
309. São afixadas etiquetas de segurança em recipientes, embalagens e equipamentos para realçar os principais riscos do produto e as informações aos usuários?				
310. Os catálogos, quando fornecidos, são redigidos em linguagem clara e objetiva, alertando o usuário quanto aos riscos do produto?				
311. As instruções de operações, quando aplicáveis, incluem detalhes sobre os riscos e as medidas preventivas?				
312. Fazem referência aos catálogos e aos dados de segurança de produto?				
313. As novas informações sobre os riscos do produto são enviadas aos clientes corrigindo as anteriores?				
314. Os riscos do produto são identificados, avaliados e documentados para que se possa elaborar um plano de ação?				
315. Os clientes são informados, por escrito, dos riscos e da segurança das instalações destinadas ao recebimento de produtos?				
316. Os riscos do produto já identificados são revisados quando da introdução de novos componentes?				
317. A empresa possui controle de forma a permitir a rastreabilidade de um produto até o cliente?				
318. Existe registro das notificações feitas à gerência sobre defeitos ou outra circunstância que exija a devolução do produto?				
319. Mantém atualizado o manual de meio ambiente?				
320. É feita divulgação na unidade da legislação existente referente ao controle de materiais?				
321. Os locais de estocagem de matérias-primas e produtos estão devidamente protegidos de forma a evitar danos ambientais?				

6. GESTÃO DE MATERIAIS (Continuação)	S	N	NA	OBS.
322. Está sendo aplicado o plano para treinamento e conscientização dos funcionários quanto à regulamentação e aos procedimentos relativos à questão ambiental?				
323. Existem manuais de operação dos equipamentos ou áreas que tenham potencial de agressão ambiental?				
324. Existem procedimentos para manutenção dos equipamentos nas áreas com potencial de agressão ambiental?				
325. Está incluído no programa de manutenção o monitoramento periódico dos equipamentos?				
326. Os equipamentos têm sido calibrados e aferidos com a frequência indicada nos procedimentos?				
Veículos				
327. É feita a identificação dos veículos, considerando:				
a) unidade				
b) motorista				
c) marca				
d) ano de fabricação				
e) cor				
f) estado do veículo (ótimo, bom, regular e péssimo)				
g) tipo de transporte (carga fracionada, a granel e outros)				
h) transportadora				
i) ajudante				
j) modelo				
k) placa				
328. Há controle e acompanhamento da inspeção veicular obrigatória?				
329. O produto perigoso fracionado é acondicionado de forma a suportar os riscos de carregamento, transporte, descarregamento e transbordo?				
330. No transporte de produto perigoso fracionado também as embalagens externas são rotuladas, etiquetadas e marcadas de acordo com a correspondente classificação e o tipo de risco?				
331. Os produtos perigosos são transportados adequadamente?				

6. GESTÃO DE MATERIAIS (Continuação)	S	N	NA	OBS.
332. O condutor examina regularmente as condições gerais do veículo, como, por exemplo: carroceria, tanque, retrovisores, pneus, freios, limpador de para-brisa, pedais de acionamento emborrachados, cintos de segurança, chave de roda, macaco?				
333. Os produtos e cargas possuem documentação apropriada, como:				
a) certificado de capacitação do veículo e dos equipamentos para transporte de produto perigoso a granel, expedido pelo INMETRO ou entidade por ele credenciada?				
b) documentação fiscal do produto transportado contendo número, nome apropriado para embarque, classe e, quando for o caso, subclasse à qual o produto pertence e declaração assinada pelo expedidor de que o produto está adequadamente acondicionado para suportar os riscos normais do transporte?				
c) ficha de emergência e envelope para o transporte contendo orientação do fabricante do produto quanto ao que deve ser feito e como fazer em caso de emergência, acidentes ou avaria; e telefone de emergência?				
334. A empresa realiza treinamento sobre manuseio dos produtos perigosos, segurança e controle de emergência para motoristas e ajudantes?				
335. A unidade possui um procedimento de inspeção para saída de veículo (transporte de produto perigoso) da empresa?				
336. O responsável conhece a legislação vigente no Estado?				
337. Recebeu treinamento específico para atuar nesta área?				

7. PREVENÇÃO E CONTROLE DE VAZAMENTOS (Planos de Contingência e Emergência)	S	N	NA	OBS.
338. A empresa identifica dentro de suas atividades aquelas operações que possam apresentar maior risco ambiental?				
339. Identifica o cenário das piores situações dos efeitos ambientais e toma precauções contra elas?				

7. PREVENÇÃO E CONTROLE DE VAZAMENTOS (Planos de Contingência e Emergência) (Continuação)	S	N	NA	OBS.
340. Existem normas internas de segurança relativas à operação, parada e partida da empresa?				
341. Existem normas internas de segurança para estocagem e manuseio de substâncias químicas?				
342. Existe algum programa de gerenciamento de risco na empresa, incluindo estudos de análise de risco de processo?				
343. Está toda a equipe adequadamente treinada para os procedimentos emergenciais?				
344. Há algum documento sobre os procedimentos de comunicação com os empregados, o público e a imprensa/mídia nos eventos de acidente?				
345. Há planos de emergência e procedimentos testados e periodicamente atualizados?				
346. Há procedimentos de saúde e segurança compatíveis com os procedimentos ambientais?				
347. Foi elaborado algum plano de ação para ser implantado no cliente/usuário?				
348. Existe registro sistemático de acidentes e ocorrências anormais?				
349. Existem, na unidade, instruções e procedimentos escritos quanto às providências no caso de vazamento e derramamento?				
350. O pessoal da empresa tem conhecimento das ações a serem tomadas nesses casos?				
351. Foi instituída e treinada uma equipe responsável para ação na prevenção e controle?				
352. Constam na documentação de análise de risco os controles e cuidados com o meio ambiente que devem ser observados pelos empregados que desempenham atividades que possam causar agressão ambiental?				
353. O responsável conhece a legislação vigente no Estado?				
354. O coordenador de meio ambiente recebeu treinamento específico para atuar nesta área?				
355. Mantém atualizado o manual de meio ambiente?				
356. É feita divulgação na empresa da legislação existente referente à prevenção e ao controle de situações de emergência?				

7. PREVENÇÃO E CONTROLE DE VAZAMENTOS (Planos de Contingência e Emergência) (Continuação)	S	N	NA	OBS.
357. Existe sistema de resposta para emergências internas e externas, incluindo a realização periódica de exercícios simulados de combate a emergência e evasão de pessoal?				
358. Está sendo aplicado o plano para treinamento e conscientização dos funcionários quanto à regulamentação e aos procedimentos relativos à questão ambiental?				
359. As equipes de combate a incêndio são instruídas para não provocar acidentes ambientais?				
360. A empresa participa de Plano de Contingência de Àrea? E do Plano de Contingência Nacional (PNC)? Mantém atualizados os procedimentos e equipamentos envolvidos?				

Capítulo 6

Tendências da Auditoria Ambiental

6.1 SISTEMAS INTEGRADOS DE GESTÃO

Na IX Reunião Plenária do Comitê de Gestão Ambiental da ISO, ISO/TC 207, em Kuala Lumpur, na Malásia, em 2001, mais uma vez se reafirmou a tendência de unificação das normas de auditoria ambiental e da qualidade. No Subcomitê 2, que trata de auditoria, realizou-se *workshop* específico para detalhar o desenvolvimento da ISO 19011, Guia de Auditoria da Qualidade e/ou Meio Ambiente. Esta norma congregou as normas ISO 14010, ISO 14011, ISO 14012 e ISO 10011-1/2/3. As primeiras três relacionadas à auditoria de sistemas de gestão ambiental e as últimas relativas à auditoria de sistemas de gestão da qualidade. A publicação da norma unificada de auditoria se deu em outubro de 2002. No Brasil, em 29 de dezembro de 2002, ela foi publicada como NBR-ISO 19011, portanto, estando a versão em português disponível para uso, em 2003, ano em que absorveu na sua versão atual uma pequena errata. Não se discutia mais se convinha ou nao a junçao das normas, mas apenas refinamento formal da 19011. O processo já se tornara irreversível. A ISO 19011:2002 encontra-se agora em revisão e deve ter uma nova versão em 2012.

A ISO 19011:2002 foi produto de trabalho conjunto do Subcomitê 3, Tecnologias de Suporte, do ISO/TC 176 – Comitê de Gestão e Garantia da Qualidade – e do Subcomitê 2, de Auditoria Ambiental e Investigações Relacionadas do TC/ISO 207. Ambos os comitês enfatizaram a importância da auditoria como uma ferramenta gerencial para monitorar e verificar a efetiva implantação de uma política gerencial ambiental e/ou de qualidade. Este instrumento é, também, considerado como essencial para uma certificação externa ou registro ou ainda avaliação e supervisão de cadeias de suprimento. A norma é um guia para a condução de auditorias internas ou externas de sistemas de gestão da qualidade e/ou ambiental, assim como para os programas de gestão.

A abrangência da norma também não é pequena. Ela atinge desde auditores já atuantes, passando por organizações de certificação e treinamento de auditores e certificação de sistemas, até avaliação de conformidade de órgãos de acreditação e normalização. O guia também é flexível e aplicável a uma ampla gama de potenciais usuários. A utilização dele depende da natureza, do tamanho e da complexidade das organizações em questão, assim como dos objetivos e da amplitude da auditoria a ser realizada. Além disso, afirma-se, na introdução, que a norma é apenas um guia e pode ser utilizada como referência para requerimentos de auditorias relacionados.

A ISO 19011:2002 apresenta, nos primeiros três itens, o escopo, as normas de referência e os termos e definições. No item quatro descreve os princípios da auditoria e sua natureza. No quinto propõe um guia para elaboração do programa de auditoria de gestão. Neste caso, uma novidade, alguns exemplos são apresentados em quadros separados como modelos práticos para auxiliar o auditor. Questões como designação de responsabilidades, estabelecimento de objetivos, coordenação das atividades de auditoria e recursos para a mesma são tratadas nesta parte. No sexto item tem-se um guia para condução da auditoria de gestão ambiental e/ou da qualidade, incluindo critérios de seleção dos times de auditoria. Esta seria a parte relativa à realização propriamente dita da auditoria de gestão. Ela agrega, portanto, no caso da série ISO 14000, as normas ISO14010, que trata de princípios gerais, e a ISO14011, relacionada aos procedimentos de auditoria dos sistemas de gestão ambiental.

No sétimo e último item apresenta-se um guia que estabelece a competência dos auditores. Apresenta-se quais seriam as habilidades necessárias para a condução dos trabalhos de auditoria relacionados à experiência e formação acadêmica, as necessidades de treinamento e os indicadores para identificação destes conhecimentos e habilidades. A figura abaixo, baseada na norma, mostra qual seria a concepção de competência dos auditores existente no documento.

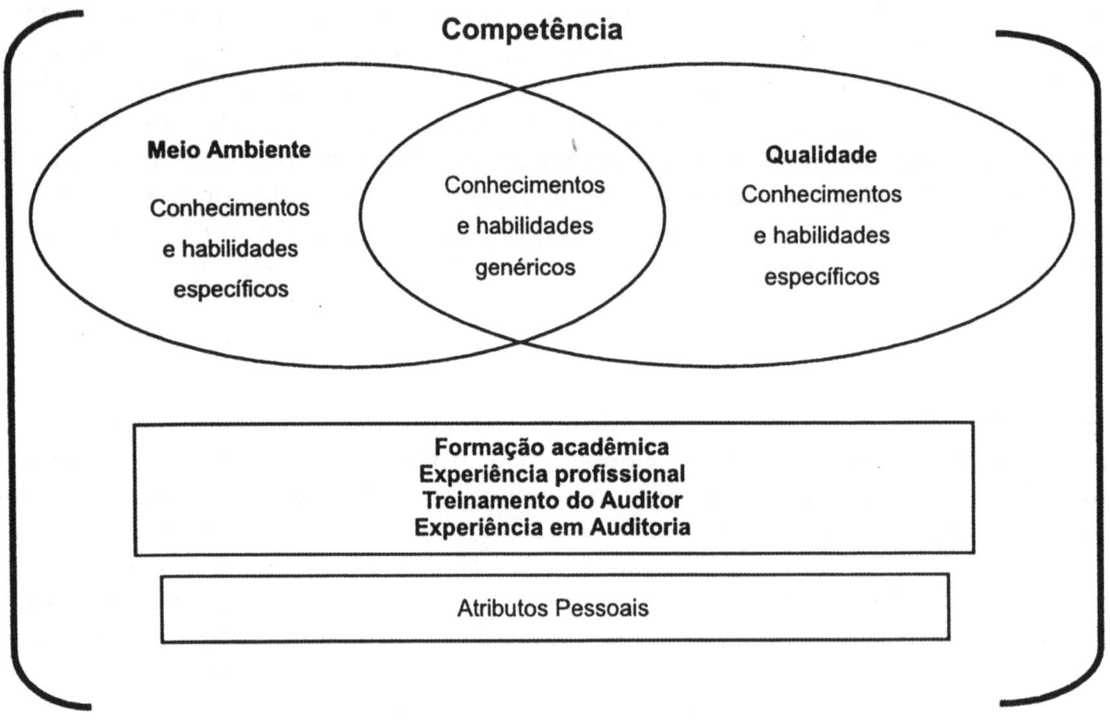

Quando se faz a fusão de seis documentos há, sem dúvida, benefícios e desvantagens. Se, por um lado, obtém-se um documento mais enxuto e conciso, por outro se perde em especificidade setorial. Algumas concessões em prol da unificação são feitas. Mas fica claro, na norma ISO 19011:2002, que ela serve para qualquer sistema de gestão, não se restringindo apenas à qualidade e ao meio ambiente. Isto corrobora a tendência de unificação com outros campos de atuação como o de saúde ocupacional e segurança. A Norma da ISO 19011:2002 tem, sem dúvida, como um dos objetivos unificar os procedimentos de auditoria em todas as áreas.

Esta norma responde, portanto, à tendência observada nas organizações, com algum porte ou especialidade, em adotar sistemas de gestão integrados. A utilização de sistema de gestão integrado de meio ambiente, qualidade, saúde e segurança parece ser a forma mais eficiente de otimizar o desempenho e os recursos nestas funções gerenciais nas empresas. No Brasil o tema ainda é incipiente e controverso, mas aos poucos algumas organizações passam a adotar estes sistemas integrados. Além da otimização do uso dos recursos, a integração dos campos da gestão auxilia na diminuição da burocracia dos sistemas, simplificando-os. Diminuem-se o número de procedimentos documentados e a documentação como um todo. Pode-se condensar em um único manual de gestão integrado todos os sistemas de gestão da empresa. Assim, agilizam-se os mecanismos de intervenção na documentação para sua atualização. Não há dúvida de que a integração traz muitos benefícios, mas ela tem que ser feita com cautela, em razão da especialização dos campos de conhecimento. Cada sistema de gestão tem particularidades e uma vastidão de habilidades necessárias para seu entendimento e funcionamento adequados. Por mais que a auditoria seja um mecanismo de verificação baseada em determinados parâmetros estabelecidos, ela não pode somente confirmar a existência de documentação. O auditor precisa de conhecimentos específicos para, em campo, verificar se determinado procedimento estabelecido na documentação está sendo adequadamente executado. Sem qualificação específica, pode-se ter a falsa sensação de que o sistema funciona corretamente do ponto de vista de documentação, mas, na operação, persistem as falhas.

Auditorias integradas que gerem um único relatório para os sistemas de gestão implantados na organização podem não ser recomendadas em razão das especificidades setoriais, e, mais do que isso, da legislação que os rege. Por mais que os sistemas possam estar integrados, a percepção de cada um deles em separado parece ser a melhor forma de não comprometer a verificação gerada numa auditoria. Isto inclusive corrobora com o que se processa no campo da auditoria ambiental exigida por órgão de regulação ambiental.

6.2 AUDITORIAS COMPULSÓRIAS

A auditoria ambiental compulsória, legalmente exigida por órgão governamental, tem sido uma experiência positiva enquanto instrumento de apoio à gestão ambiental nas empresas. Além disso, ela auxilia na verificação da adequação da política ambiental executada e funciona como facilitador do controle ambiental, em especial do licenciamento ambiental da atividade auditada. O principal motivador de uma auditoria ambiental compulsória é a verificação do atendimento à legislação de referência e, ao mesmo tempo, a identificação das oportunidades de melhoria com a elaboração do Plano de Ação. Com base nos Planos de Ação tornam-se claras as melhorias propostas, a previsão orçamentária e as responsabilidades empresariais na correção das não-conformidades existentes. A auditoria ambiental adquire, também, especial importância, *a posteriori*, para o acompanhamento da evolução do cumprimento dos compromissos assumidos e como instrumento na realização de vistorias, inspeções e fiscalizações.

O processo de adequação tem sido ampliado e refinado com a assinatura de Termos de Ajustes de Conduta (TAC), tendo como base os Planos de Ação. Por sua vez, os TAC podem estar associados a termos de caução ou a medidas compensatórias para o caso de não-cumprimento dos compromissos estabelecidos, envolvendo, em alguns casos, além da empresa e do órgão ambiental, o Ministério Público.

Outro aspecto relevante diz respeito à disponibilidade para consulta pública do Relatório de Auditoria Ambiental, adotado como referência para o controle ambiental e elaborado por equipe independente de auditores com credibilidade e isenção. As empresas que investem na divulgação de seus resultados, configurando mudança de conduta em relação às questões ambientais, fortalecem sua imagem perante instituições técnico-científicas e adquirem maior credibilidade do público.

A Resolução CONAMA 237/97, considerando a necessidade de se incorporar ao sistema de licenciamento ambiental os instrumentos de gestão ambiental, já previa em seu Art. 12, § 3º que:

"deverão ser estabelecidos critérios para agilizar e simplificar os procedimentos de licenciamento ambiental das atividades e empreendimentos que implementem planos e programas voluntários de gestão ambiental, visando a melhoria contínua e o aprimoramento do desempenho ambiental".

Nesse sentido, cabe destacar algumas especificidades envolvendo a legislação sobre auditorias ambientais compulsórias. Em São Paulo, o Decreto nº 47.400/02, estabelece em seu Art. 2º, § 5º:

"os empreendimentos ou atividades que, por ocasião da renovação de suas Licenças de Operação, comprovarem a eficiência dos seus sistemas de gestão e auditoria ambientais, poderão ter o prazo de validade da nova licença ampliado, em até um terço do prazo anteriormente concedido, a critério do órgão competente".

Por sua vez, a Lei nº 12.685/97, do Ceará, prevê que a critério do órgão ambiental e/ou requerimento de entidades interessadas:

"será realizada audiência pública para que as associações ambientais e outras organizações não-governamentais que dela participarem possam tomar conhecimento do resultado da auditoria ambiental pública".

No Estado do Rio de Janeiro, a Diretriz para Realização de Auditoria Ambiental (DZ-056 - R.3/2010), propõe a Auditoria Ambiental de Controle,

"realizada normalmente a cada requerimento ou renovação de licença ambiental, para verificação detalhada do desempenho ambiental da organização em operação, com base em conformidade legal e em suas políticas e práticas de controle".

Complementada pela Auditoria Ambiental de Acompanhamento, com ênfase no desenvolvimento do Plano de Ação proposto. Além disso, de forma pioneira, estabelece um conjunto de indicadores de desempenho ambiental que permitam, dentre outras funções, comparações com dados de referência setoriais, regionais ou nacionais. Há, ainda, a perspectiva de ampliação da legislação brasileira envolvendo auditorias ambientais setoriais em todo o território nacional, a exemplo do que ocorre com o setor de petróleo. Com base na Lei nº 9966/00, a Resolução CONAMA 381/06:

"estabelece os requisitos mínimos e o termo de referência para realização de auditorias ambientais, objetivando avaliar os sistemas de gestão e controle ambiental nos portos organizados e instalações portuárias, plataformas e suas instalações de apoio e refinarias, tendo em vista o cumprimento da legislação vigente e do licenciamento ambiental".

A evolução, portanto, do uso da auditoria ambiental mostra que este instrumento se consolida cada vez mais, tanto do ponto de vista dos códigos empresariais, quanto por conta da regulação estatal. A ferramenta aos poucos se torna um mecanismo cada vez mais poderoso para prevenção, verificação e monitoramento das atividades econômicas.

O Sistema Brasileiro de Certificação Ambiental

Considerando o impacto das normas da Série ISO 14000 na competitividade das empresas instaladas no Brasil, e a necessidade de se dotar o país de uma estrutura de avaliação de conformidade na área ambiental, para atender aos novos requisitos pelo mercado internacional, o Instituto Nacional de Metrologia, Normalização e Qualidade Industrial – INMETRO, através da Comissão Técnica de Certificação Ambiental – CCA, elaborou a estrutura de avaliação de conformidade no âmbito do Sistema Brasileiro de Certificação – SBC, para a área de meio ambiente, segundo os padrões das normas Série ISO 14000, contemplando critérios, procedimentos e regulamentos para o credenciamento de organismos de certificação de sistemas de gestão ambiental das empresas e de qualificação, certificação e registro de auditores ambientais. A exemplo do que já ocorre com a Série ISO 9000 – normas de gestão da qualidade, foi proposto o sistema de certificação em torno das normas de gestão ambiental da Série ISO 14000. Essas normas são aprovadas pelo Comitê Brasileiro de Certificação (CBC) – comitê estabelecido no âmbito do Conselho Nacional de Metrologia CONMETRO, formado paritariamente por representantes do governo, trabalhadores, produtores, prestadores de serviço, consumidores, entidades técnico-científicas e organismos participantes do Sistema Brasileiro de Certificação. Atualmente essas normas não são mais usadas, mas vale a pena conhecer seu conteúdo; pois foi esse que consolidou o sistema de certificação de SGA no INMETRO, baseado, hoje, em normas internacionais.

As normas do Sistema Brasileiro de Certificação elaboradas para a certificação ambiental foram inicialmente as seguintes:

- Norma NI-DINQP-073 – "Critérios para Credenciamento de Organismos de Certificação de Sistema de Gestão Ambiental".
- Norma NI-DINQP-076 – "Critérios para Credenciamento de Organismos de Treinamento de Auditores Ambientais".
- Norma NI-DINQP-077 – "Critérios para Credenciamento de Organismos de Certificação de Auditores Ambientais".
- Norma NI-DINQP-078 – "Critérios e Procedimentos para a Certificação de Auditores de Sistema de Gestão Ambiental".

CRITÉRIOS E PROCEDIMENTOS PARA A CERTIFICAÇÃO DE AUDITORES DE SISTEMA DE GESTÃO AMBIENTAL

A Norma NI-DINQP-078 estabelecia os critérios a serem atendidos por Auditores de Sistema de Gestão Ambiental que solicitam sua certificação e registro junto a um Organismo de Certificação de Auditores Ambientais, de acordo com o especificado pelo Sistema Brasileiro de Qualificação, Certificação e Registro de Auditores Ambientais.

No Sistema Brasileiro de Qualificação, Certificação e Registro de Auditores Ambientais temos os seguintes tipos de auditores ambientais:

- *Auditor Aspirante* – profissional certificado que participa de auditorias de sistema de gestão ambiental sob observação de auditor certificado.

- *Auditor* – profissional que tenha certificação e registro para realizar auditorias de sistema de gestão ambiental.
- *Auditor Líder* – profissional que tenha certificação e registro para liderar auditorias de sistema de gestão ambiental.
- *Auditor Verificador* – auditor utilizado para verificar a adequação da experiência em auditorias e o desempenho dos candidatos.

O Organismo de Certificação de Auditores Ambientais é o organismo de terceira parte que certifica auditores ambientais, de acordo com critérios estabelecidos pelo CBC.

Requisitos para Certificação

- Escolaridade: correspondente à formação universitária.
- Treinamento: aprovação em um curso de formação de auditores de SGA reconhecido pelo INMETRO.
- Experiência profissional: quatro anos de experiência profissional apropriada, em horário integral ou, o equivalente, em horário parcial, em função técnica ou gerencial com responsabilidade/autoridade para tomada de decisões, em pelo menos duas das seguintes áreas e em pelo menos um ano em cada uma delas:
    - ciência e tecnologia ambiental;
    - aspectos técnicos e ambientais da operação das instalações;
    - requisitos aplicáveis de leis e regulamentos ambientais, bem como outros documentos relacionados;
    - sistemas e normas de gestão ambiental;
    - procedimentos, processos e técnicas de auditoria de sistema de gestão devidamente normalizados.

O período que o candidato efetivamente dispensar em curso de pós-graduação "stricto sensu" concluído em tema diretamente relacionado às áreas anteriormente indicadas, pode ser abatido em até dois anos do período requerido para experiência profissional.

- Experiência em SGA: no mínimo dois anos de experiência em horário integral ou, o equivalente, em horário parcial, no planejamento, implantação, operação e/ou auditorias de SGA (pode ter sido adquirida ao mesmo tempo que a experiência profissional, mas deve ter sido adquirida nos seis anos anteriores à solicitação da certificação). A experiência similar em sistemas da qualidade ou de saúde e segurança ocupacional pode abater no máximo um ano da experiência em SGA na razão de 2:1.
- Atributos e habilidades pessoais: os candidatos a auditor aspirante e a auditor devem possuir: competência para expressar claramente conceitos e ideias, verbalmente e por escrito; habilidades interpessoais (diplomacia, tato, habilidade para ouvir); manter independência e objetividade; organização pessoal; fazer julgamentos adequados baseados em evidências objetivas; reagir com sensibilidade às convenções e cultura do país ou região em que a auditoria for realizada; capacidade analítica e tenacidade; reagir de forma sensata em situação de tensão.

Para auditor líder, além dos anteriores, o candidato deve possuir atributos e habilidades para garantir o gerenciamento e a liderança efetiva e eficiente do processo de auditoria.

Esses atributos devem ser demonstrados durante as auditorias e o auditor verificador deverá atestar que o candidato os possui.

- Experiência em Auditoria de SGA: a experiência deve ter sido adquirida nos três anos anteriores à solicitação da certificação. Toda a experiência em auditorias deve ser documentada em um Registro de Auditorias.

Para auditor aspirante não é exigida experiência em auditorias de SGA.

Para o auditor é necessária a participação como membro de equipes auditoras em 30 dias de auditorias, dos quais 20 nas instalações do auditado. Esta experiência deve ter sido adquirida em, no mínimo, seis auditorias com duração de, pelo menos, dois dias nas instalações do auditado.

O auditor líder, além da experiência para auditor, deve ter participado no mínimo em 25 dias de auditoria, com a experiência adquirida em, pelo menos, cinco auditorias como líder de equipe auditora com, no mínimo, dois auditores, sob o testemunho de um auditor verificador, certificado como Auditor Líder, tendo cada uma destas auditorias duração de, pelo menos, dois dias nas instalações do auditado.

Para cada dia de auditoria nas instalações do auditado, contabiliza-se um dia para as atividades de análise da documentação, planejamento da auditoria e elaboração do relatório. Ao total de dias nestas atividades pode ser acrescentado mais um dia. O número de dias nestas atividades é limitado a seis. Um dia de auditoria deve ter, no mínimo, seis horas de trabalho. Apenas auditorias independentes podem ser utilizadas para comprovação de experiência em auditorias (o auditor e a organização auditada devem ter gestão e estrutura operacional independentes). Exemplos de auditorias aceitáveis:

- Escritório central auditando uma unidade ou divisão da mesma empresa.
- Uma divisão ou unidade auditando outra divisão ou unidade da mesma empresa.
- Uma organização compradora auditando seu fornecedor.
- Auditorias de terceira parte.
- Uma consultoria (ou consultor) contratada para executar uma auditoria independente.

Todas as auditorias devem ter o propósito de determinar a conformidade com a ISO 14001.

A experiência em auditorias deve ter sido adquirida sob o testemunho de um auditor verificador, que deve ter estado presente durante todas as fases das auditorias que contaram com a participação do candidato (desde preparação até o relatório) e na maior parte da duração da auditoria. Este auditor verificador não pode ser usado para verificar todas as auditorias apresentadas para fins de comprovação de experiência em auditorias.

Os verificadores são normalmente auditores líderes certificados. Entretanto, outros auditores que apresentem competência para atender aos critérios para este papel podem ser considerados. Os critérios utilizados para a seleção dos auditores verificadores são os seguintes:

- Elevado nível de experiência e habilidades em sistemas de gestão ambiental.
- Habilidade para partilhar seus conhecimentos com outras pessoas.
- Habilidade para fazer julgamento do desempenho de outras pessoas.
- Completo entendimento dos critérios do Sistema Brasileiro de Qualificação, Certificação.
- Registro de Auditores Ambientais e dos papéis que estão sendo desempenhados.

RENOVAÇÃO DA CERTIFICAÇÃO

O período para renovação da certificação não deve exceder a três anos. Para o auditor aspirante não é possível a renovação da certificação como auditor aspirante. Se, no período de três anos, o auditor aspirante não conseguir atender aos requisitos para auditor ou auditor líder, deve ter seu certificado cancelado e iniciar novo processo de certificação. Para renovação da certificação, os auditores deverão ter participado de, no mínimo, 20 dias de auditoria. Esta experiência deve ter sido adquirida em, pelo menos, quatro auditorias de sistema de gestão ambiental com duração de, no mínimo, dois dias nas instalações do auditado, e com todas as auditorias executadas de acordo com as normas ISO 14010 e 14011. Os auditores líderes, para renovação da certificação, deverão ter participado de, no mínimo, 20 dias de auditoria. Esta experiência deve ter sido adquirida em, pelo menos, quatro auditorias de sistema de gestão ambiental com duração de, no mínimo, dois dias nas instalações do auditado, e com todas as auditorias executadas de acordo com as normas ISO 14010 e 14011. Em pelo menos duas destas auditorias deve ter atuado como líder de equipe de, no mínimo, dois auditores.

DESENVOLVIMENTO PROFISSIONAL

Cada auditor e auditor líder devem ser submetidos, a cada ano, a um mínimo de 15 horas de desenvolvimento profissional contínuo adequado. Para a seleção do desenvolvimento profissional adequado, os auditores devem considerar seus pontos fortes e fracos e identificar áreas para sua melhoria profissional. As atividades realizadas para desenvolvimento profissional devem ter relação com uma das áreas relacionadas como as que devem ser consideradas no requisito sobre experiência profissional do auditor. Todas as atividades de desenvolvimento devem prover o candidato com novos conhecimentos ou habilidades. O registro do desenvolvimento profissional deve mostrar a duração e o tipo de atividades desenvolvidas e detalhes da entidade que aplicou o treinamento.

A Norma NI-DINQP-078 possui dois anexos. O Anexo A apresenta um Código de Ética de Auditores contendo regras de conduta no exercício de suas atividades. O Anexo B contém as Disposições Transitórias. De maneira a possibilitar o início do funcionamento do Sistema Brasileiro de Qualificação, Certificação e Registro de Auditores Ambientais, foram estabelecidas condições transitórias que permitem o ingresso, no Sistema, de profissionais que não atendem a todos os requisitos para certificação previstos na referida Norma. Estas condições preveem níveis crescentes de dificuldade a cada semestre, sendo que, a partir de 24 meses da data do credenciamento do primeiro organismo de certificação de auditores ambientais no Sistema, serão válidos os requisitos descritos na Norma. Para os requisitos que não são mencionados no Anexo B são válidos os critérios descritos nas seções correspondentes da Norma.

Bibliografia

A lista a seguir não é exaustiva e tem o intuito de apresentar referências básicas, na maioria, em língua portuguesa. A relação completa da bibliografia utilizada na elaboração do Manual de Auditoria Ambiental é encontrada no Banco de Dados de Auditoria Ambiental do Laboratório Interdisciplinar de Meio Ambiente da Coordenação de Programas de Pós-Graduação em Engenharia da UFRJ.

Pela Internet o endereço é: http://www.ibama.gov.br: *informações ambientais – Centro Nacional de Informações Bibliográficas – CNIA – Base de Dados (Informação bibliográfica).*

ABNT. Coletânea de Normas de Gestão Ambiental. ABNT, Rio de Janeiro, 1998. Adams, R. Linking Environmental and Financial Performance: A Survey of Best Practice Techniques. UNCTAD/ITE/EDS, 1998.

Agra Filho, S. S. Estudos dc Impactos Ambientais no Brasil: Uma análise de sua efetividade. Tese de M. Sc. PPE/COPPE/UFRJ, Rio de Janeiro, 1991.

Amaral, S. P., 2000. Sistemas de Gestão Integrada de Meio Ambiente, Qualidade, Saúde e Segurança na Indústria de Petróleo Brasileira, Anais do Rio Oil & Gás Expo, Rio de Janeiro, outubro.

Barata, M. Auditoria Ambiental – Uma Nova Ferramenta de Gestão Empresarial. Tese de M. Sc., PPE/COPPE/UFRJ, Rio de Janeiro, 1995.

Cavaliere, A. S. Avaliação de Desempenho Ambiental: Uma Proposta de Relatório e Indicadores de Desempenho Ambiental para a Divulgação dos Resultados da Empresa. Tese de M. Sc., PPE/COPPE/UFRJ, Rio de Janeiro, 1997.

CEBDS. Relatório de Sustentabilidade Empresarial. Centro Brasileiro para o Desenvolvimento Sustentável, Rio de Janeiro, 1997.

D'Avignon, A. Normas Ambientais ISO 14000 – Como Podem Influenciar sua Empresa. Confederação Nacional da Indústria, 1995 e 1996.

International Standard Organization, 2001, ISO/DIS19011 – Guidelines on Quality and/or Environmental Management Systems Auditing, ISO/TC 176/SC-3 e ISO/207/SC-2 JWG.

Jöhr, H. O Verde é o Negócio. Editora Saraiva, 1994.

La Rovere, E. & Barata, M. A Aplicação de Auditoria Ambiental nas Empresas no Brasil. Boletim Técnico da IAIA nº 2, 1996.

La Rovere, E. (coord.) Manual de Auditoria Ambiental para Estações de Tratamento de Esgotos Domésticos. Mimeo., dezembro de 1997.

Lenoie, P.; Laplante. B. & Roy. M. Can Capital Markets Create Incentives for Pollution Control. Ecological Economies. 26(1), 1998.

Maimon, D. ISO 14000 e Pequenas Empresas. Qualitymark Editora. Rio de Janeiro, 1998.

Maimon, D. Passaporte Verde – Gestão Ambiental e Competitividade. Qualitymark Editora, Rio de Janeiro, 1996.

Malheiros, T.M.M. Análise da Efetividade da Avaliação de Impactos Ambientais: Sua Aplicação em Nível Federal. Tese de M. Sc., PPE/COPPE/UFRJ, Rio de Janeiro. 1995.

Silva. H. V. O. Auditoria de Estudo de Impacto Ambiental. Tese de M. Sc., PPE/COPPE/UFRJ, Rio de Janeiro, 1996.

UNCTAD. Guidance Manual Accounting and Financial Reporting for Environmental Costs and Liabilities. Nações Unidas, Geneva, 1999.

UNCTAD. International Accounting and Reporting Issues, 1995, Review Nações Unidas, Geneva, 1996.

Vários Autores. Gestão Ambiental: Compromisso da Empresa. Jornal Gazeta Mercantil. Rio de Janeiro, 1996.

Outras Obras Indicadas

A REUTILIZAÇÃO DA ÁGUA

Autor: *Luiz Augusto Rodrigues da Luz*

A preservação da água é um assunto que envolve sociedade, empresa e governo. Luiz Augusto mostra neste livro a deterioração e a superexploração de rios e lagos em todo o Planeta. Ele apresenta a grave crise socioambiental, onde, segundo estudos da ONU, em 2050 teremos 75% da população vivendo em grave escassez de água.

O autor busca explicar as causas e consequências desta crise, a importância da água doce em nossa vida, além de divulgar informações para que o leitor adote uma postura de resistência e preservação ambiental.

Formato: 16 x 23 cm
Nº de Páginas: 140

GESTÃO AMBIENTAL

Autor: *Luis Filipe Sanches de Sousa Dias Reis*

Os autores explicam de maneira prática e didática os passos necessários para a Certificação e, portanto, para a Gestão Ambiental, analisando o que deve ser feito, quando, como e por quê. Analisam também todos os procedimentos para a Avaliação de Impactos Ambientais (AIA), um dos principais instrumentos de gestão ambiental. Além disso, comentam aspectos da legislação que regula a matéria, apresentam um roteiro do estudo e do relatório de impacto ambiental, o IEA e o RIMA, as implicações com licenciamento ambiental e os envolvidos no processo de AIA.

Formato: 16 x 23 cm
Nº de Páginas: 140

Outras Obras Indicadas

PERÍCIAS AMBIENTAIS

Autores:
Angelina Maria Lanna Moraes,
Jorge Pereira Raggi

Este livro foi desenvolvido na metodologia de estudos de casos. Apresenta vinte estudos, dos quais o coautor atuou em quinze, ocorrido no período 1979-2003.

Há análises de casos, erros de procedimento e pressuposições teóricas em um trabalho de equipe, no qual existem casos que envolvem mais de cem pessoas.

Formato: 16 x 23 cm
Nº de Páginas: 288

Dados Técnicos:

• Formato:	21 x 28 cm
• Mancha:	17 x 24 cm
• Fonte:	Bookman Old Style
• Corpo:	11
• Entrelinha:	13
• Total de Páginas:	152
• 2ª Reimpressão:	2014